李四光纪念馆系列科普丛书

李四光纪念馆
编著

图书在版编目（CIP）数据

听李四光讲石油的故事 / 李四光纪念馆编著 . — 北京：北京大学出版社，2021.10
（李四光纪念馆系列科普丛书）
ISBN 978-7-301-32457-8

Ⅰ . ①听… Ⅱ . ①李… Ⅲ . ①石油—青少年读物 Ⅳ . ① TE-49

中国版本图书馆 CIP 数据核字（2021）第 175419 号

书　　名　听李四光讲石油的故事
　　　　　TING LI SIGUANG JIANG SHIYOU DE GUSHI
著作责任者　李四光纪念馆 编著
责 任 编 辑　张亚如
标 准 书 号　ISBN 978-7-301-32457-8
出 版 发 行　北京大学出版社
地　　址　北京市海淀区成府路 205 号　100871
网　　址　http://www.pup.cn　　新浪微博：@ 北京大学出版社
微信公众号　通识书苑（微信号：sartspku）
电 子 信 箱　zyl@pup.pku.edu.cn
电　　话　邮购部 010-62752015　发行部 010-62750672　编辑部 010-62753056
印 刷 者　北京中科印刷有限公司
经 销 者　新华书店
　　　　　787 毫米 ×1092 毫米　16 开本　7.75 印张　120 千字
　　　　　2021 年 10 月第 1 版　2021 年 10 月第 1 次印刷
定　　价　58.00 元

海上钻井平台

前　言

亲爱的读者小朋友：

你知道我国著名的科学家、教育家李四光先生吗？他可是我国地质事业重要的开拓者，是科学家的杰出代表，也是很多小朋友心目中的偶像。李四光先生小时候就非常聪明好学，酷爱读书，就像达尔文那样，对大自然充满了好奇，每每遇到关于神秘的大自然的书，他甚至不吃饭、不睡觉也要先把书看完。也正是由于这种对知识的无比向往，他 15 岁就赴日本留学，后来又在英国伯明翰大学先学采矿，后学地质，获得了硕士学位。1931 年，他被伯明翰大学授予博士学位。他把对自然的热爱变成了一种钻研科学的动力，不仅提出了古生物“䗴”的鉴定方法，而且发现了我国东部第四纪冰川的遗迹，创立了地质力学。他用力学的方法研究和解决地质问题，在全世界都很出名呢！

1950 年，李四光先生回到了刚刚成立的中华人民共和国。作为新中国第一任地质部部长，李四光先生把全部的精力都用在了建设祖国上面，他不仅带领广大地质工作者找到了大庆油田等大油田，摘掉了我们国家“贫油”的帽子，还发现了国家建设急需的许多其他矿产资源，为祖国的建设做出了巨大贡献。

本书将带领我们畅游在石油知识的海洋里：了解石油究竟藏在哪里，看看地下是否真的有“石油湖”；了解石油是如何形成的，看看它在漫长的时光里都经历了哪些变化；了解石油是如何勘探、开采出来的，看看石油地质工作者有哪些神奇的“装备”……我们还将了解到李四光先生和中国石油地质工作者是如何克服重重困难，找到一个又一个大油田的故事。好了，话不多说，就让我们一起开始这段美妙的旅程吧！

目 录

第一章

地球送给人类的厚礼

石油——黑色的“金子”

石油是什么？按字面意思，石油是“石头里产出来的油”，可石头里怎么会有油呢？其实，就像煤、铁、金刚石等矿产资源，石油也是一种深埋于地下岩石深处的矿藏，只不过它主要是以黏稠液体的形式存在。

石油是地球送给人类的一件超级大礼。自从它被开采利用以来，世界发生了奇妙的变化！人类极尽创造力地把石油变成各种物质，让我们的世界变得丰富多彩。

那么，这些从地下流淌出来的“黑色金子”，是怎样改变着我们的生活呢？

衣食住行，处处有它

石油有什么用？大家最先想到的一定是用作能源。作为全世界使用最广泛的能源，石油在海、陆、空交通和工业生产中发挥着重要作用。

如果要问石油与我们生活中的哪个方面关系最密切，大家首先想到的一定是“行”。如今，我们之所以能够“日行千里”，是因为交通工具的迅速发展。19 世纪末，汽车的发明和煤炭、石油的使用使人类开启了汽车时代。到了 21 世纪的今天，汽车、飞机等已经成为我们便捷的出行工具，而这些交通工具能够运行，无不仰仗着石油。

除了助力出行，石油还能作为化工原料在我们的生活中大显身手！聪明的科学家们用石油变出各种神奇的“魔术”，用想象力和创造力不断丰富着人类的生活。各式各样的塑料制品、五颜六色的衣服、治疗疾病的药品、建筑房屋的材料、农业生产中的化肥和农药……都有石油的身影。现在，人类的衣食住行已经离不开石油了。

扩展阅读

我国很早就发现了石油，那么你知道中国古人是如何认识和利用石油的吗？

石油“伴我行”

在我们的生活中，石油在交通方面的贡献不只是作为燃料，还有其他的大用处呢。

制造车辆轮胎的橡胶就与石油有关。你可能会感到疑惑，橡胶是从橡胶树中来的，和石油有什么关系呢？没错，天然橡胶确实是由橡胶树流出的乳胶制成的，但我们现今使用的橡胶中，有一半以上是以石油为原料人工合成的。20 世纪初，科学家发明了用石油生产橡胶的方法，从而可以大批量生产轮胎。

除了燃油和橡胶之外，人类交通事业的“无名功臣”——铺设道路的沥青，也来自石油。石油在加工过程中剩下的黑色残渣就是沥青。沥青铺路好处非常多，不仅可以提升驾驶安全性和道路的耐久性，还可以降低轮胎的磨损和噪声。

摇身一变，五彩缤纷

除了前面所提到的用途，石油还能“变身”为一些日用品，其中最大的一项是塑料制品。我们接触到的塑料制品几乎全部来自石油！不知道大家有没有注意到，直接与食物接触的保鲜膜、食品袋一般是由“聚乙烯（xī）”制成的，耐热的塑料盆、微波炉保鲜盒多用“聚丙烯”制成，而大部分坚硬的塑料门窗和管道则是由“聚氯乙烯”制成的……“聚”字开头的材料，绝大部分都是石油化工产品。

19 世纪中期，美国开始大规模商业开采石油。一位名叫罗伯特的化学家在勘察油井时不小心划伤了手指，石油工人赶紧取了一点油脂抹在他的伤口上。

这种油脂能止痛，还能帮助伤口愈合。罗伯特感到很惊奇，于是取了点回去研究。数十年后，他成功发明了这种油脂的提纯方法，还申请了专利。这就是物美价廉的凡士林，它是很多化妆品的原料。

石油还是制作香水的原料。香水之所以很香，主要是因为含有一种特殊的物质——“吲（yǐn）哚（duǒ）”。吲哚广泛存在于自然界，茉莉花、水仙花中都含有微量的吲哚。但是，用天然鲜花制作香水的成本太高了，老百姓购买不起。后来，化学家们发明了从石油中提取吲哚的方法，香水开始走进千家万户。

把石油“穿在身上”

除了用石油制作香水，我们还能把它“穿在身上”！涤（dí）纶（lún）、腈（jīng）纶、锦纶等常见的服装面料都与石油有关，一般统称为“合成纤维”。你可能会问，用棉花和羊毛等天然植物纤维和动物纤维制成的衣服也很舒适，为什么还需要合成纤维呢？

就拿棉花来说。我国人口多，耕地面积相对少。这些有限的耕地不仅要用来种植粮食，还要用于生产棉花等作物，以满足人民的各种需求。如果我们穿的服装都用棉花制成，那所需的耕地远远不够，而成本低、产出效率高的合成

纤维的发明则很好地解决了这个问题。事实上，目前，即便是植物纤维制成的服装，其中也或多或少加入了合成纤维材料。

正是因为我们可以用石油低成本、高效率地合成大量人造纤维，才有了种类繁多、物美价廉的衣服。除了合成纤维，染料、洗衣粉、洗衣液、柔软剂等也都与石油息息相关。

与“吃”紧密相关的石油

我们日常与吃相关的消费，大多与石油有着千丝万缕的联系。比如烧菜做饭用到的液化石油气也属于石油资源。从人类学会用火以来，木柴一直是我们赖以获得热量的主要燃料，液化石油气的使用让我们做饭更加清洁、方便。

除此之外，帮助粮食和蔬菜增产的化肥，很多也是石油化工产品。随着现代农业的不断发展，自然界中的天然有机肥料已经满足不了农业生产需求，所以人们逐步探索并发展了采取化学方法来合成肥料的技术，比如，以石油为原料制成化肥。

石油不仅与我们的日常饮食有很大关系，而且也是药品的原料。如今，合成药物在医药工业中占据着很重要的地位；石油化工为制药企业提供了合成药物的必要原料。

石油就像一位形影不离的“好朋友”，围绕在我们身旁。仔细观察学校和家里的物品，哪些与石油有关？想一想，查一查，和爸爸妈妈或者老师一起讨论吧！

石油的“体检报告”

了解完石油在人类衣食住行方面的用处，想必你也好奇为什么石油如此“神通广大”。接下来我们就一起给石油做个“体检”，看看石油中存在哪些“神秘成分”，这些成分又是怎样影响着石油的“外表”和“性格特点”。

石油成分里的“老大哥”——碳元素

我们身边有各种各样的物质，但是组成众多物质的元素其实只有100多种。它们通过千变万化的排列组合，组成了宇宙中无穷无尽的物质。

石油是一种非常复杂的物质，但主要的组成元素为碳元素和氢元素。它们通过各种各样的组合方式构成了复杂的石油。

一般来说，石油当中碳元素的含量高达 83%—87%，堪称石油成分里的“老大哥”！坚硬闪亮的钻石、柔软的铅笔芯等都是由单一的碳元素构成的。而当碳与其他元素结合在一起时，便可能形成千千万万种物质，例如煤、石油、天然气等能源物质，甚至包括所有的生物。可以说，碳元素是生命的基础。

石油成分里的“小精灵”——氢元素

除了碳元素，石油中还有一种非常重要的元素——氢元素。一般来说，石油中氢元素的含量为 11%—14%。氢元素排在元素周期表的第一位，是结构最简单的元素，也是宇宙中分布最广、含量最多的元素。目前所知大多数天体都含有氢元素，尤其是会发光的恒星。它们的能量来源正是以氢原子为基础的核聚变反应。

氢元素组成的氢气是世界上最轻的气体。我们在游乐场里经常能看到一些飘浮在空中的气球，需要用绳子拴住才不会飘走。这是什么原因呢？因为相同体积的空气重量比氢气要重很多，早先人们向气球中充入氢气制成氢气球，比氢气重的空气能把它们“托”起来。然而，氢气无色无味，极易燃烧，充满氢气的气球存在爆炸的危险。因此，如今的“氢气球”充进去的往往是很轻但是不能燃烧的氦气。

氢气还有另外一个用途，那就是作为一种新型的清洁燃料。氢气燃烧后只生成水，对环境不会产生污染，但它重量轻、难控制，要安全储存和运输并不容易，因此还没有得到广泛使用。

“最佳拍档”

石油中含量最高的碳元素和氢元素是一对名副其实的“最佳拍档”，它们能够结合在一起形成各种各样的化合物，这些化合物统称为碳氢化合物。为了方便书写，人们将“碳”字中的“火”和“氢”字的下半截取出拼成“烃（tīng）”字，用来表示碳氢化合物。烃类物质最大的特点就是能燃烧，现在我们使用的燃料大部分都是由它们组成的。

碳元素和氢元素组成烃类物质就像“搭积木”一样，碳原子和氢原子数目不同，组合方式不同，就会“搭出”各种各样的烃类物质，它们混合在一起就组成了我们熟悉的石油。碳原子的数目越少，组成的烃类物质的分子就越小越轻，通常就呈气态；反过来，碳原子的数目越多，组成的烃类物质的分子就越大越重，通常就呈液态，甚至固态。

混进来的“捣蛋鬼”

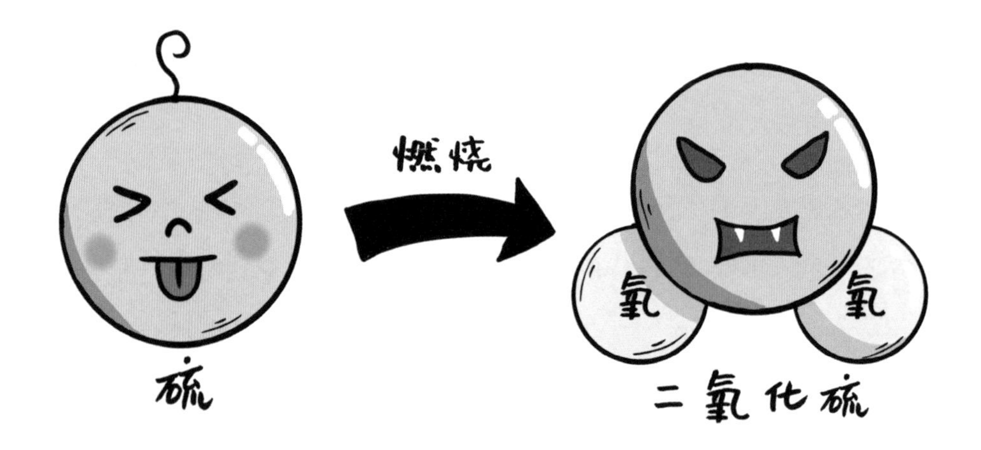

在我们的世界中，不存在绝对纯净的物质，就像水里经常混入其他杂质一样，深藏在地下的石油也会含有一些杂质。石油里除了碳元素和氢元素，剩下的就是少量的硫元素、氮元素、氧元素等杂质。

这些杂质元素也会形成化合物，其中最令人讨厌的“捣蛋鬼”就是含硫化合物，它们会严重腐蚀机器、管道、油罐等设备，影响石油的采集、运输和储存。另外，含硫量高的石油产品在燃烧时还会产生二氧化硫，不仅会严重污染空气，甚至还会造成酸雨。因此，我们希望石油中的硫含量越少越好。在石油加工过程中，也要想办法尽量将其中的硫元素去除。

五颜六色的石油

提起石油，相信大多数人想到的都是黑色黏稠的液体。其实，石油的颜色非常丰富，从无色、淡黄色、黄褐色、深红色、深褐色、黑绿色至黑色都有。

为什么石油是五颜六色的呢？这是因为石油是一种极其复杂的物质，不同地区产出的石油成分差异很大，这些不同的成分就像我们画画时用到的各种颜料，它们以不同的比例混合起来就会呈现出不同的颜色，石油也因此拥有各不相同的“外表”。例如，我国大庆油田的石油是黑色的，克拉玛依油田的石油为褐色至黑色，而新疆焉耆（qí）盆地则有墨绿色石油产出。最有趣的是，在四川盆地和渤海湾盆地产出了无色石油。出现无色石油，可能是因为在运移过程中，石油里有颜色的成分被岩石“吸收”了。不过，无色石油很少，深色石油还是占绝大多数，遍布全世界各个产油地。

扩展阅读

石油还有一个“好兄弟”——天然气。你知道天然气有哪些特殊的本领吗?

在这一章中，我们知道了石油具有复杂的化学成分，不同成分的石油呈现出不同的特点。其实石油还有很多方面的特点我们没有介绍到，那么就请动动小手查阅一些资料，看看石油还有哪些特殊且有趣的特点吧。

第二章

石油诞生记

积少成多，聚沙成“石”

我们知道，石油来自地下，来自地底岩石深处。因此，要想知道石油是如何生成的，就需要先了解我们脚底下的岩石。

大自然的“搬运工”

我们在海边漫步时可以看到海水向着海岸拍打过来后又逐渐退去，这个过程形成了美丽的潮水景观，同时海水又把沙子等小颗粒“运送”到海洋中。同样，河流从山顶源头经过漫漫长路最终流入大海，在这个过程中，也会携带着很多碎石。还有我们随处可以感受到的风，也时不时地携带细小的沙砾飘向远方。海洋、河流、风把碎石和沙砾从一个地方搬运到另一个地方的过程就是“搬运作用”。这些被搬运的碎石、沙砾等物质是被破坏了的岩石，称为“岩石碎屑”。我们也可以把海洋、河流、风称为“搬运工”，它们时时刻刻努力工作着，把地球表面的岩石碎屑不断地从一个地方搬往其他地方。

扩展阅读

不同的“搬运工”有不同的特点，你还能想到哪些“搬运工”，它们各自都有哪些“绝技”？

扫描二维码收看

积少成多——沉积作用

前面提到的“搬运工”虽然身怀不同的绝技，但它们的搬运工作都有一个共同的特点，那就是通常都会将高处的岩石碎屑搬运到低处。比如，河流能将山上的石块一路搬运到山下，有的还能到达最低处的湖泊或大海。这是由地球的重力决定的。就像我们坐滑梯时滑到地面上就不能继续向下滑动一样，当岩石碎屑到达低处之后便不会继续向前运动，这些岩石碎屑就开始不断地聚集起来，这个过程就像工人往一个巨大的坑里充填沙子一样，直到这个坑被填满为止。这种岩石碎屑不断地在地球表面的低处堆积的过程，称为“沉积作用”，被搬运的岩石碎屑称为“沉积物”。

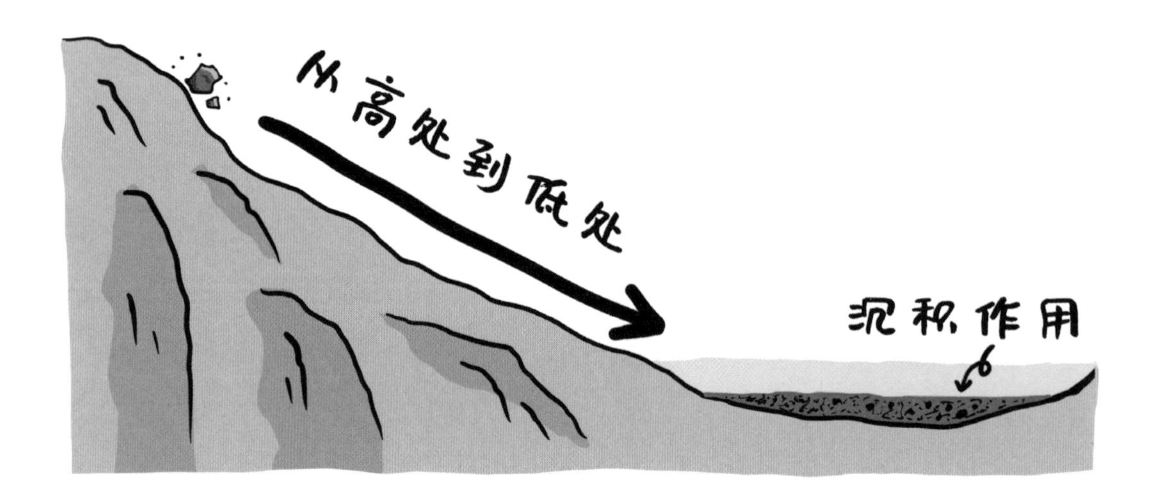

看到这里你就明白了，“沉积作用”就是在大自然的“搬运工”的辛勤努力下，高处的岩石碎屑被搬运到低处，并不断地积少成多的过程。在大自然中，沉积作用非常常见，盆地、大海、沙漠等地球表面低洼的地方都时时刻刻发生着沉积作用。

聚沙成“石”——成岩作用

通过前面的学习我们知道了搬运作用和沉积作用，了解到地球表面时刻发生着岩石的“搬迁工程”。那么，你有没有想过这些被聚集起来的沉积物最后变成什么了呢？答案是它们重新变成了坚固的岩石。但是，沉积物的堆积就像建筑工地上的沙堆一样并不坚固，因此这些远道而来的沉积物还要经历最后一个过程才能重新变成坚固的岩石。这个由松散的沉积物转变为岩石的过程就是“成岩作用”。

成岩作用主要包括压实作用、胶结作用和结晶作用。那么这个过程究竟发生了什么事呢？

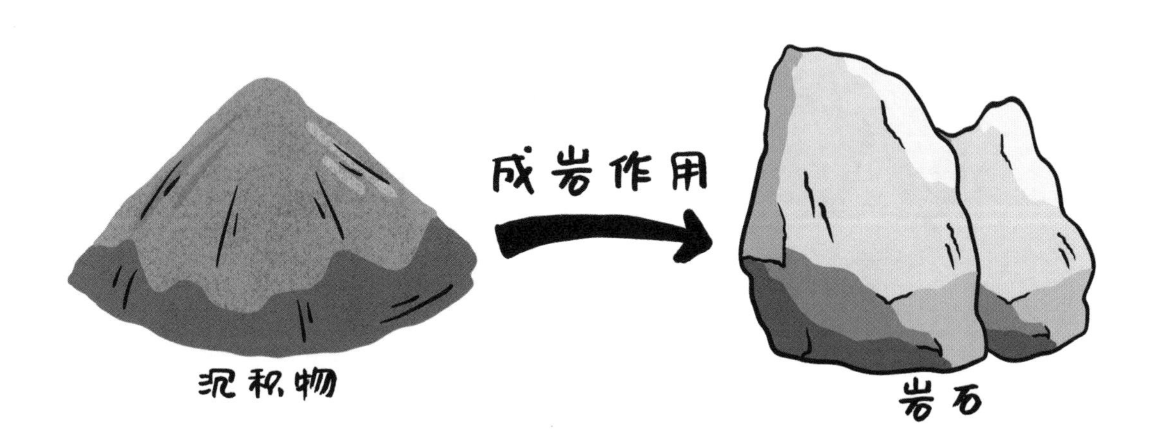

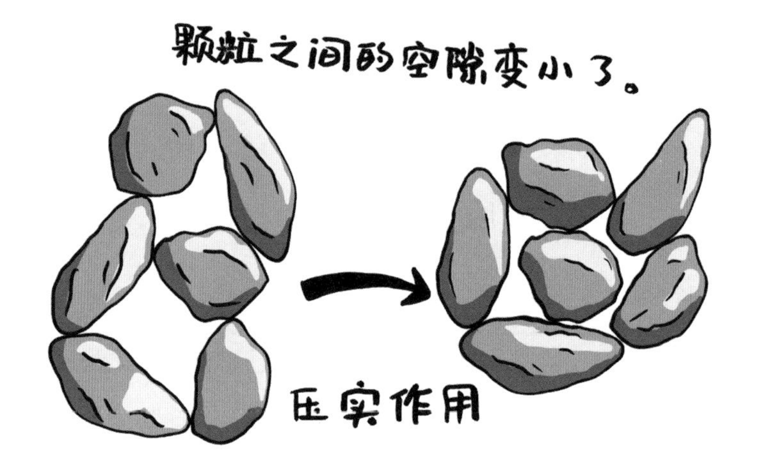

随着沉积作用的不断发生，沉积物不断堆积加厚，这时，底部的沉积物在上部沉积物的“重压”之下，岩石碎屑间的空间会逐渐减小，空间内的水会被挤出来，这个过程被称为“压实作用”。

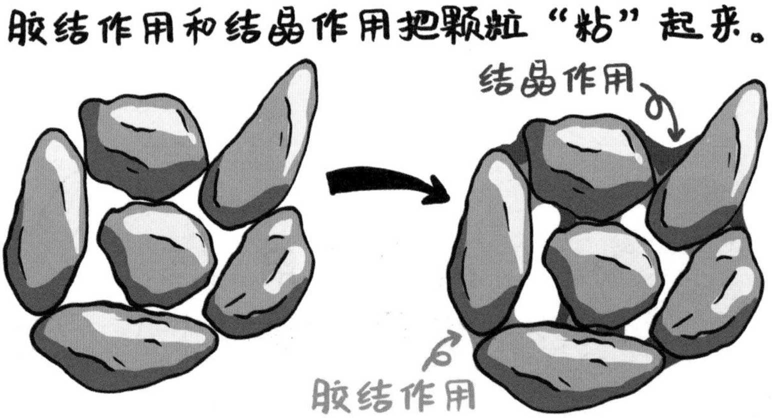

胶结作用和结晶作用把颗粒“粘”起来。

结晶作用

胶结作用

“胶结作用”指的是将分散的、并不连接的岩石碎屑“粘”起来。这个过程就好比用胶水把碎石、沙砾等碎屑颗粒粘贴在一起，使其形成一个坚固的整体。经历了胶结作用之后的沉积物就不会像沙堆那样，风一吹沙子就四散开来。

结晶是地质学的一个术语，意思是生长出新的矿物，就像树木长出新芽一样。“结晶作用”是指在沉积物之间生长出新的矿物，这些新生的矿物就像是更加强力的“胶水”，把沉积物颗粒更牢固地“粘”起来。简单来说，结晶作用和胶结作用一样，都是让松散的沉积物变成坚硬的岩石。

最终，这些由搬运作用和沉积作用聚集起来的沉积物，经过“成岩作用”，形成坚硬的岩石，比如泥岩、砂岩、碳酸盐岩等，它们也统称为“沉积岩”。

石头里的“宫殿”

通过前面的介绍我们了解到，沉积岩本质上是由一个个小的沉积物颗粒集合在一起形成的。如果你收集一些小石子放在装有水的水杯里面，就会发现石块和石块之间并不能完全接触，往往会因为形状的差异产生大大小小的空隙，这些石块之间的空隙中充满了水。

同样的道理，即使沉积岩是沉积物经历了“成岩作用”而形成的坚固的岩石，其内部依旧不是铁板一块，在沉积物的颗粒间仍然有许多未被完全充填的空间。这些沉积岩内部大大小小的空间，有的像“房间”，有的像“走廊”，相互连通组成了硕大的“宫殿”。在沉积岩内部的这座“宫殿”中，“房间”，也就是那些相对大的空间称为“孔隙”，而连接各个房间的像走廊一样的通道，称为“喉道”。

孔隙之间由喉道连通。

自然界的岩石可以分成三大类，它们分别是沉积岩、岩浆岩和变质岩。现在我们知道了沉积岩是经过搬运作用、沉积作用和成岩作用形成的。那么你知道其他两类岩石分别是怎样形成的吗？请查一查相关的资料，看看它们的形成过程有什么区别。

漫长的孕育

石油是如何形成的？答案是由动植物的遗体经过一系列复杂变化最终形成的，并且这一系列变化主要就是在沉积岩内完成的。那么这一系列的复杂变化到底是什么呢？动植物遗体是怎么变成石油的呢？让我们带着这两个问题继续学习吧！

复杂而漫长的生油过程

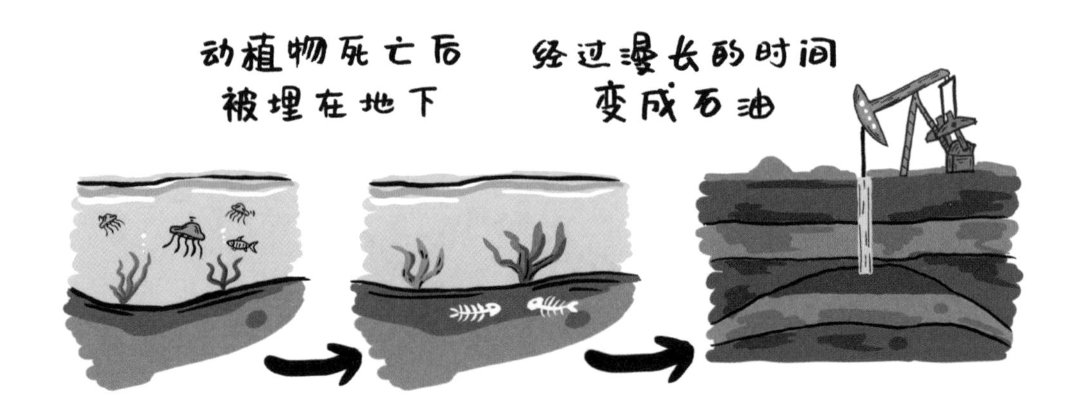

生油过程是一个极其复杂而又漫长的过程。简单来说，动植物死亡之后，它们的遗体会逐渐堆积埋藏。这些遗体富含脂肪和蛋白质等物质。这些物质含有丰富的碳、氢、氧、氮等元素，我们将其统称为“有机质”。这些有机质首先会和周围的沉积物在沉积作用下一起被埋藏，并且随着越埋越深，其所处环境的温度和压力也会逐渐增高。在这个过程中，有机质和沉积物会在成岩作用下固结成为沉积岩，这种由富含有机质的沉积岩所构成的岩层也被称为“生油层”。在温度和压力达到一定程度时，生油层内的有机质会在微生物的作用下慢慢分解，然后会发生一系列的反应，石油便是在这些反应的过程中不断形成的。

地质学家们在各个地质年代的沉积岩中，无论是古老的寒武纪沉积岩，还是年轻的第四纪沉积岩中，都发现了石油。

先来认识一下细菌吧

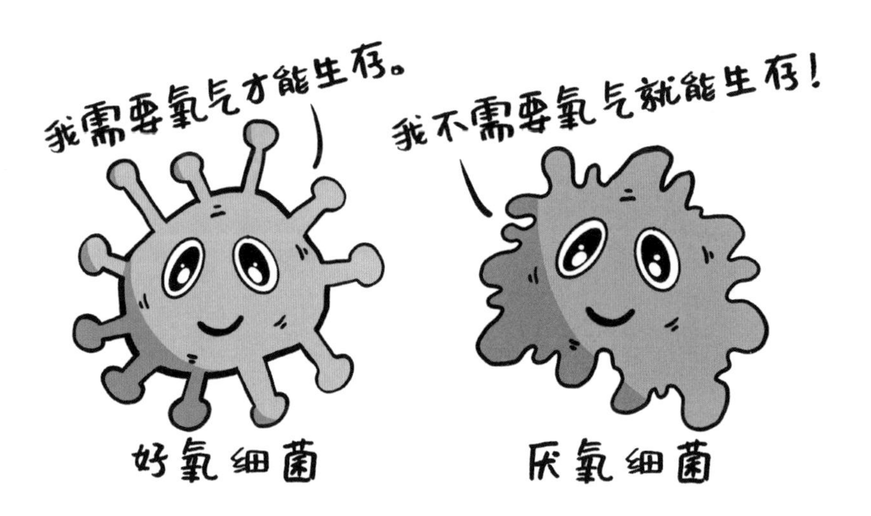

大家都知道，氧气和水一样是人类生存的必需品，离开了氧气，人类无法生存。同样，大部分的细菌也需要氧气才能生存，这些需要氧气才能生存的细菌被称为“好氧细菌”。它们能将有机质分解成二氧化碳和水。神奇的是，自然界中有一部分细菌并不喜欢呼吸氧气，它们往往在没有氧气的环境下才可以生存，这部分细菌被称为“厌氧细菌”。如果说好氧细菌是生油过程中的“破坏者”，那么厌氧细菌则是生油过程中的“大功臣”。这是为什么呢？接下来你就知道了！

严格的第一步——埋藏

石油生成的第一步是将生物遗体及时快速地埋藏起来。这是为什么呢？这是因为，生成石油的关键物质是生物遗体的“有机质”，如果生物遗体未及时埋藏，在能接触到空气中的氧气的条件下，生物遗体中的有机质会在好氧细菌的作用下被快速分解成二氧化碳和水，一丁点都留不下，当然就无法形成石油，这也是好氧细菌被称为生油过程中的“破坏者”的原因。

那么，什么环境最有利于生物遗体的快速埋藏呢？答案是“水深的环境”。这是因为如果生物遗体埋藏在很深的水底，那么水就可以隔绝它们和空气的接触，在缺乏空气的环境中，生物遗体就可以留下充足的有机质作为后续生油过程的“原材料”。这些环境一般是湖泊深处、海底等地方。

辛勤工作的“厌氧细菌”

当生物遗体被埋藏好之后，生油过程便进入第二步，至关重要的“厌氧细菌”便要开始发挥作用了。对于石油生成来说，厌氧细菌对有机质的“适度分解”是必不可少的。为什么叫“适度分解”呢？这是因为生物遗体在埋藏后，厌氧细菌可以把有机质分解成“更好的有机质”，而不是像好氧细菌那样直接将有机质分解成二氧化碳和水。可以说，厌氧细菌就像在做“垃圾分类”，从原有的有机质中挑选并分离出没有用的硫、氮、磷等元素，留下有利于形成石油的以碳、氢、氧等元素为主的“更好的有机质”。这个“更好的有机质”到底是什么呢？它就是石油的母亲——干酪（lào）根！

除此之外，厌氧细菌在分解有机质时还会产生大量的甲烷，也就是天然气中的主要成分。因此，在以厌氧细菌作用为主的有机质的分解过程中，还会产生天然气。

石油的母亲——干酪根

干酪根这个奇怪的名字是从英文kerogen直接音译过来的，它也被称作“油母质”，主要由碳、氢、氧等元素组成。从外观上看，干酪根就是普普通通的、黑乎乎的固体，不过，根据石油地质学家的推算，地球上几乎所有的石油都是由干酪根生成的，这也是我们称干酪根为“油母质”的原因。

干酪根也有不同的分类，不同类别的干酪根最终生成的石油也会有一些差异。比如，不同地方产出的石油在含硫量上有差别，一个重要的原因便是，生成石油的干酪根种类不同。

厌氧细菌也会无能为力

之前我们提到，生物遗体的快速埋藏是生油过程的第一步，在厌氧细菌作用下，有机质分解并生成干酪根是生油过程的第二步。但是，厌氧细菌只能在特定的条件下发挥作用，因此当条件不合适时，厌氧细菌便无法发挥作用了。

大家都知道我们脚下的地球并不是冷冰冰的，地球深处是炙热的岩浆，这些岩浆时不时顺着裂缝喷出地表便形成了火山，也就是说，越往地球深处前行，温度就会越高。因此，随着动植物遗体埋藏的深度越来越大，其所处的温度也是逐渐升高的。地质学家们推测，当深度增加到 1500 米左右时，温度一般就会达到 60℃。在这个温度，厌氧细菌便无法正常分解有机质了，这时生油过程也将进入第三步。

被“热化”的干酪根

将沉积物埋藏到 1500 米深是一个非常漫长的过程，通常需要几十万到数百万年。在这期间，厌氧细菌通常会将绝大部分有机质分解形成干酪根。最终，干酪根和周围的泥沙等沉积物一起，在成岩作用下变成了富含干酪根的沉积岩层，也就是前面我们提到的“生油层”。

当生油层的埋藏深度超过 1500—2500 米时，所处的温度会升高到 60—180℃。在此温度下，不断地有碳、氢等元素从干酪根上面分离出来。这些分

离出来的碳、氢等元素会以长链状排列，就像手拉着手排成一队的小朋友一样。这些长链状的碳、氢等元素不断聚集就形成了液态的石油。这个过程的干酪根就像是放在热锅上的冰块一样，“化成水”，变成了液体。这个阶段是生油过程的第三步，也是最重要的一步，地球上现存的绝大多数石油都是在这个阶段形成的。

给干酪根请“保姆”

在干酪根受热分解生成石油的过程中，还有一位“好帮手”——黏土矿物。大家可能都见过或者玩过陶艺，我们在做陶艺的时候使用的“泥巴”的主要成分就是黏土矿物。

黏土矿物在干酪根受热分解生成石油的过程中，发挥了非常重要的作用，它可以加速干酪根受热分解的过程，使得干酪根快速地生成大量石油。由于黏土矿物普遍存在于沉积岩中，并且在含有干酪根的生油层中更为丰富，所以黏土矿物就像是一位兢兢业业的“保姆”，帮助干酪根快速生成石油。

高温下的“变身行动”

当沉积物埋藏的深度超过 3500—4000 米时，它们所处温度就达到了 180—250℃。在此阶段，由于温度过高，干酪根很难分解生成石油，大部分会直接生成天然气。经过最后这个阶段，干酪根基本就被消耗殆尽了。

石油也有“受不了”的时候

如果沉积物埋藏的深度继续增加会怎么样呢？当生油层的埋藏深度继续增加，超过 6000—7000 米时，其所处温度已经超过了 250℃，此时，先前形成的石油便会通过一系列的化学作用转变为天然气。因此，深度超过 6000 米的生油层大多数都只能产出天然气。例如，我国四川盆地内的元坝气田大多数都是超深井，气藏的深度基本都超过了 6000 米！

石油和天然气是“亲兄弟”

天然气是石油的“亲兄弟”。我们经常把石油和天然气放在一起，将它们并称为“油气资源”。了解了石油和天然气的形成过程，想必大家更加理解了为什么它们是“好兄弟”。石油和天然气不仅作为主要的能源在人类社会“并肩打拼”，更重要的是，它们相伴而生，生成石油的“母亲”干酪根也同样能生成天然气，它们是名副其实的“亲兄弟”！

扩展阅读

你知道地球上哪些地方容易形成石油和天然气吗？

请给爸爸妈妈讲一讲石油和天然气形成的过程。

石油住的“房子”

石油待在哪里

大家可能会认为，大油田下面都是一个个巨大的“石油湖”，我们开采石油就像是从湖里抽水一样。但是，地下真的存在“石油湖”吗？答案是否定的，地下并没有“石油湖”。那么，石油在地下到底待在什么地方呢？

如果你回想一下沉积岩的内部结构就会得到答案了。沉积岩是由不同形状的碎石、沙砾等经过成岩作用形成的。因此它们内部并不是铁板一块，而是存在大小不一的孔隙、喉道和裂缝。石油和天然气正是主要储存在这些孔隙、喉道和裂缝内。地质学家将具有丰富的孔隙、喉道和裂缝，能够存储石油和天然气的沉积岩层称为“储油层”。

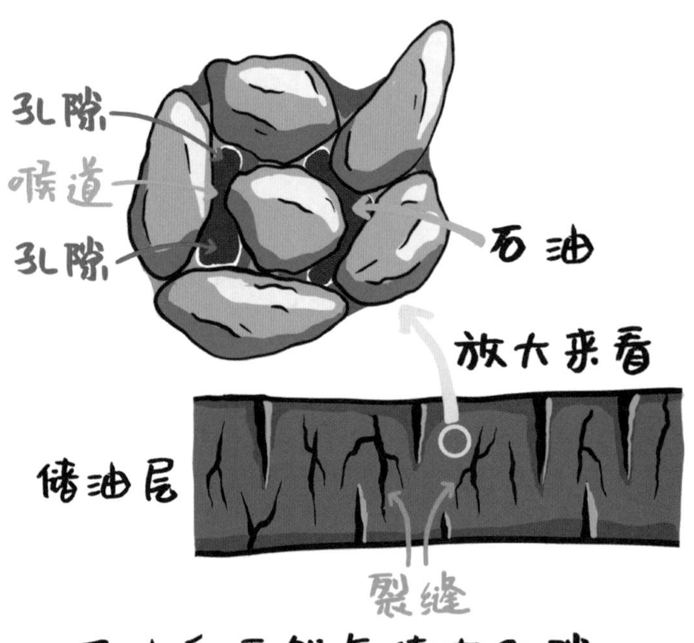

石油和天然气待在孔隙、喉道和裂缝里。

沉积岩中的空隙这么小，怎么能存得下那么多油气呢？这些孔隙、喉道和裂缝单独来看确实很小，但是它们在岩石中分布非常普遍。此外，因为石油是液体，天然气是气体，它们都能像水和空气一样，根据所处的空间变换形态来填满这些微小的空隙。大家可以想一下海绵，储油层能储存石油和天然气，就和充满孔隙的海绵可以吸收和保存很多水是一样的道理。

“房子”要大

储油层内的孔隙等作为油气“居住”的地方，自然越大越好。当“房间”越大、“走廊”越宽时，油气便会聚集更多。地质学家用“孔隙度”这一指标来衡量岩石内孔隙等的大小和多少。孔隙度越大，也就意味着岩石内部的空间越大，可以储存更多的油气。

此外，我们还需要考虑到，岩石内的孔隙并不是都能住进去石油和天然气。有一些孔隙是相对独立的，和其他的孔隙并不连通，就像一个个被锁上了门的独立房间，油气因为打不开门，就无法进入这种房间。因此，只有那些彼此之间相互连通，并且能够与外界连通的孔隙才能让石油和天然气自由进出，才具有储存石油和天然气的能力。

“房子”要方便“串门”

如果说孔隙度衡量的是石油和天然气居住的房子的空间大小，那“渗透率”衡量的就是连接这些房子的道路有多宽，交通是否便利。渗透率指的是岩石内部孔隙之间石油、地下水等流体流动的难易程度，也就是流体从一个孔隙流到另一个相邻孔隙的难易程度，说白了就是各个“房间”里的流体相互“串门”的方便程度。渗透率越高，流体“串门”的阻力就越小，就越容易从一个孔隙流到另一个相邻孔隙里去。

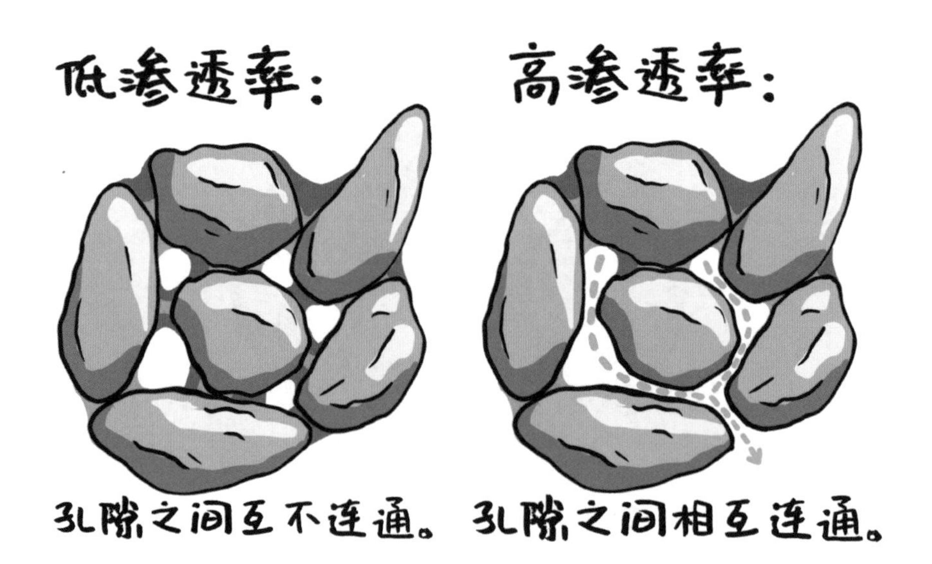

渗透率高的储油层有两个显而易见的好处。第一个好处就是储油层储集的石油和天然气能相互连成一片，而不是被分隔在几个互不相通的地方，有利于油气更好地聚集在一起。第二个好处就是在我们开采油气时，由于孔隙之间是相互连通的，储油层内的油气可以很顺利地流入油气井当中，方便我们开采。

如果岩层本身的渗透率比较低，那么我们可以请裂缝来帮忙，因为裂缝往往能够连通那些本不连通的孔隙，让里面孤立的油气流动起来，进而提高岩石的渗透率。基于这个道理，石油地质工作者在开采渗透率较低的储油层内的石油和天然气时，往往会通过特殊手段来增加储油层的裂缝，进而提高岩石的渗透率，以便将油气开采出来。

碳酸盐岩很容易被酸性的地下水溶解，由碳酸盐岩构成的储油层中会产生大量的孔洞来储存油气。这是因为组成碳酸盐岩的主要成分是容易被酸性成分溶解的碳酸钙。在日常生活中，我们也可以看到这一神奇的现象。鸡蛋壳的主要成分也是碳酸钙，而我们日常食用的食醋便是酸性的液体。因此，你只需要准备一个水杯，放进几块鸡蛋壳，再加入食醋淹没鸡蛋壳，等一段时间，就可以观察到鸡蛋壳慢慢溶解的神奇现象了！快动手试试吧。

必不可少的“房顶”

油气会安心地待在储油层内吗？它们会不会离开储油层向其他地方“逃跑”呢？如果会，我们怎么才能防止油气“逃跑”呢？

防止油气宝宝“逃跑”

石油和天然气都是流体，而且它们的密度都比水小，也就是说比水轻。大家可以想一想，我们游泳的时候在水下呼出的气体会去哪里呢？是不是会以气泡的形式迅速浮到水面？同样的道理，在浮力的作用下，地下储油层中的石油和天然气也会慢慢向上运动。如果储油层顶上没有盖子，那就变成了一个没有房顶的房子，里面的油气就都会逃出去。这样一来，即使房子再大，里面居住的油气再多也没用，因为储油层内的油气还等不到人类将其开采就早已“逃跑”，只剩下空空如也的房子。

古人在书中记载的一些现象，比如会燃烧的湖等，其实就是石油和天然气不断向上“逃跑”，最后逃到地面上来而产生的。这些“逃跑”的油气如果没有被我们发现，就会散到地面上和大气当中，被白白浪费掉。如果说储油层是装着石油和天然气的瓶子，那么瓶子需要一个“盖子”，任何一个含有丰富油气的储油层上面都有一个“盖子”，用来防止油气逃跑。这个充当“盖子”的地层被地质学家称为“盖层”，它们通常是一些性质特殊的岩层。

盖层的存在保证了石油和天然气能够长期“安安稳稳”地保存在储油层中，等待着人类的开采。

盖层要足够宽广

大家想一想，如果盖层破了或者中间断开了会怎么样呢？是不是油气就会“逃出去”呀？因此，盖层要发挥作用需要一个非常重要的特点，那就是“连续性”，也就是说盖层需要足够宽广。

我们知道，石油和天然气储存在储油层内，而地下的储油层往往面积非常大，盖层作为储油层的“房顶”，自然需要连续覆盖住整个储油层，这样才能把储油层内的油气资源“盖住”。如果覆盖在储油层上方的盖层面积不够大，

或者不连续，那结果就是“盖不住”，盖层就起不到阻止油气逃跑的作用了。“聪明”的油气会找到没有被盖层覆盖到的地方逃之夭夭。因此，在实际的油气开采中，能够被开采的储油层上方都覆盖有足够宽广的盖层，确保没有给油气留下任何可以逃跑的“秘密通道”。直到我们打井的时候钻穿盖层，石油和天然气才有了一个逃离储油层的“通道”。它们就会沿着我们预设好的路线出来，被我们收集起来，而不是从某个我们不知道的地方悄悄逃走，这正是我们开采油气所需要的！

到这里我们已经完整地介绍了生油层、储油层和盖层，它们各有各的特点，各有各的任务。但是，它们之间也是紧密联系的，需要一起合作才能产生和保存油气资源。请把它们的作用讲给爸爸妈妈听。

第三章

石油历险记

油气的“远游之路”

前面我们介绍了生油层、储油层和盖层。油气资源在生油层中形成，然后在储油层里面储存起来。但是，有一个问题，那就是油气是怎么从生油层跑到储油层里面去的呢？下面让我们见识一下油气的“远游之路”吧。

不得不进行的“远游”

我们知道，油气是在富含生物遗体有机质的生油层中生成的，那么油气在生成后为什么要“远游”到储油层内呢？主要有三个原因迫使它们不得不“远游”。

第一个原因是生油层上方岩石的压力。随着岩层埋藏的深度不断增加，其所受的来自上面的岩层的压力也会逐渐变大，从而导致岩层内的孔隙空间不断变小，里面石油和天然气就被“挤”出来了。这就像我们在充满水的海绵上再放上一块又一块充满水的海绵，加的海绵块数越多，下面的海绵就会被压得越扁，海绵孔隙里面的水就会流出得越多。

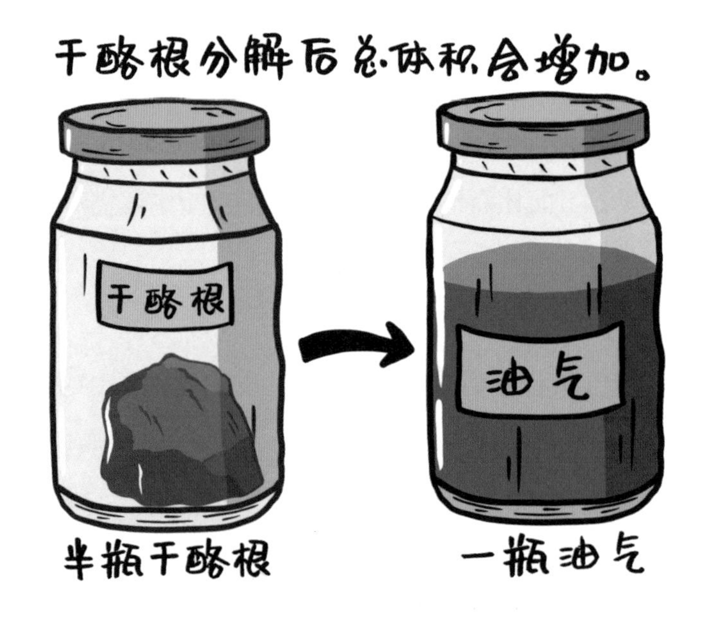

第二个原因是新生的油气把之前的油气赶了出来。我们知道，石油和天然气是干酪根分解生成的。根据实验，干酪根分解后形成的油气总体积大约是原来干酪根体积的数倍。因此，当干酪根大量分解时，油气总体积不断增加，而岩石孔隙的总体积非但不会增加，甚至还会因为第一个原因而减小，从而导致之前生成的油气被新生成的油气“挤”出去。

第三个原因是浮力。由于石油和天然气的密度均比水小，因此，当岩石孔隙中有地下水时，石油和天然气就会受到向上的浮力而向上运移，相当于是被地下水“挤”了出去。

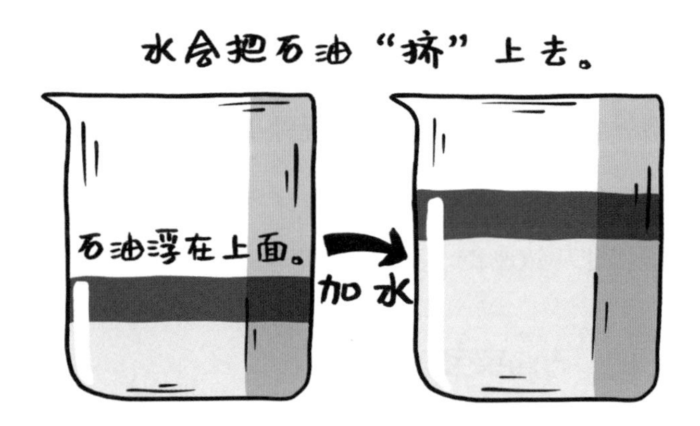

由于上面提到的三个主要原因，生油层内的一部分油气不得不离开出生的地方，去寻找新的家园。地质学家将油气从生油层内“远游”前往储油层的过程称为“油气的初次运移”。

“石油宝宝”长什么样

我们看到的石油主要是黑色的液体。那么，刚刚出生的“石油宝宝”也是这个样子吗？实际上，从“出生”到离开生油层“远游”这一阶段的石油都不是一滴滴的石油，而是非常微小，只有分子大小的石油分子。这是因为生油层内的干酪根在受热分解生成石油时，生成的是非常小的石油分子，而不是一滴

一滴的石油。如果说一滴一滴的石油相当于“成年形态”的石油，那么分子状态就相当于是石油的“宝宝形态”。其实想想也可以理解，生油层内的孔隙那么小，怎么可能有一滴石油那么大的空间呢？所以，石油宝宝的初次运移是以分子状态从致密的生油层内“跑”出来的。也正是得益于它们小巧的身体，石油宝宝才能相对顺利地从致密的、低渗透率的生油层内“跑”出来。

搭“顺风车”的“石油宝宝”

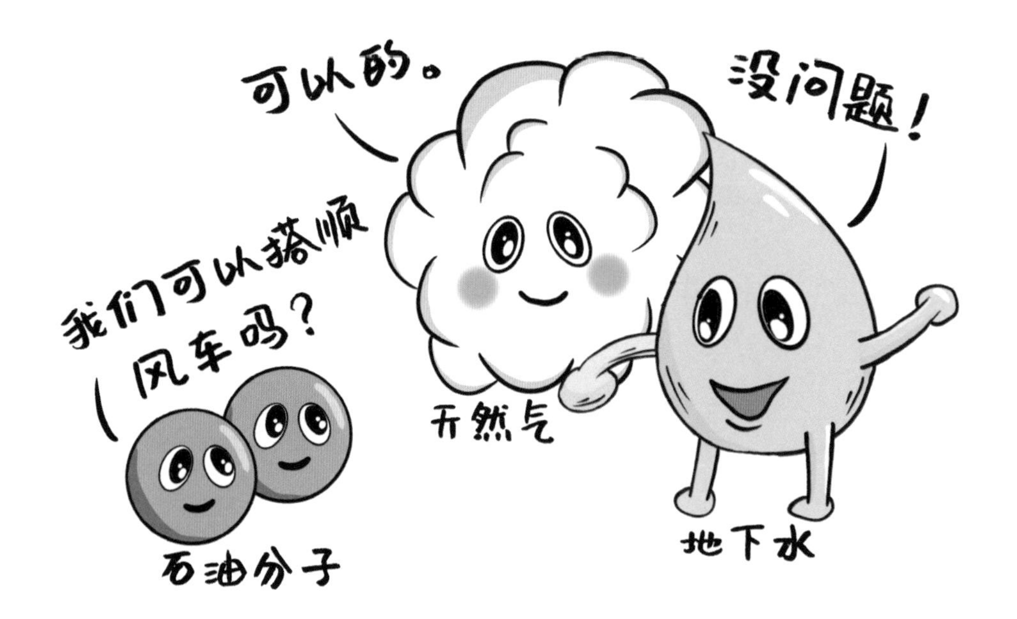

石油宝宝除了凭借自己小巧的身体进行“远游”外，还会很聪明地借助外力！我们在之前介绍了，生油层的生油过程中不仅生成了石油，还生成了大量的天然气。由于天然气为气态物质，因此更容易从致密的生油层内“跑”出来。而石油在一定的温度、压力条件下可以溶解于天然气中。是的，你没有看错，的确是液态的石油溶解在了气态的天然气当中！溶解在天然气中的石油就能随天然气一同呈气态运移，相当于一部分石油宝宝趁机搭了天然气的“顺风车”。除此之外，在高压条件下，石油还可以溶解于水中，因此有部分石油宝宝趁机溶解在地下水中，并随着地下水进行运移。总之，石油宝宝非常聪明，能借助各种便利条件离开致密的生油层，向储油层进发。

所有的石油宝宝都会离开生油层吗?

扫描二维码收看

第二次“远游”

我们的爸爸妈妈在买房子时一般会考察好几个小区，进行详细的比对，最终挑选一套最喜欢的房子。同样的，油气经过初次运移进入储油层之后，也不会就安稳地“住下来”，而是和我们买房子一样开始“货比三家”，不断地在储油层内“遛弯”，寻找更合适的地方。

正如我们前面讲到的，储油层内具有丰富的孔隙、喉道和裂缝，也就是有较高的孔隙度和渗透率，因此油气在储油层内部的运移往往更加方便。如果说油气从生油层内出来时走的是“乡间小路”，那么进入储油层后走的便是“柏油马路”，如果运气好的话，还能顺着裂缝这个“高速公路”飞奔起来。地质学家将油气在储油层内寻找“新家园”的过程称为“油气的二次运移”。

在自然界中，盖层很容易经受构造作用影响产生比较多的裂缝，进而失去了盖层的作用。正如前面提到的，油气因为密度小于水，在浮力的作用下，就会沿着盖层破裂的通道不断向上方运移。由此可见，油气宝宝心目中的“完美新家园”应该是一个有着“完好无损”的盖层作为“房顶”的储油层，这个地方便是油气宝宝二次“远游”的最终目的地了。

不断壮大的“队伍”

石油在初期刚进入储油层时，由于到达储油层的石油很少，它们只能汇聚成微小的油粒，往往只能在显微镜下观察到。但是随着运移过程的持续，越来越多的石油汇聚到储油层内，那些分散的小油粒就能逐渐相互融合，最终汇成油珠。这一过程就像“贪吃蛇”一样，大油珠不断吸纳刚刚进入储油层的较小的石油分子，不断壮大前行的队伍。

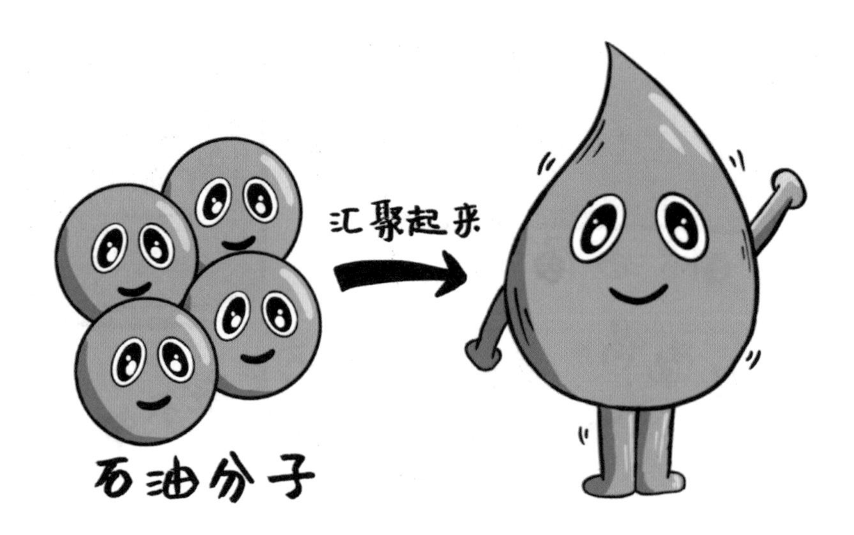

扩展阅读

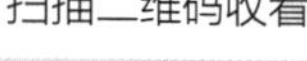

“远游”的石油宝宝会“迷路”吗？迷路的石油宝宝最后到哪里去了呢？

请你根据自己的理解，讲讲石油的初次运移和二次运移过程。

地下的建筑师

石油与天然气在二次运移一段时间之后，会来到一个适合油气聚集并长期居住的“新家园”。在介绍这个新家园之前，我们先要了解一下建造这个新家园的神秘力量——地球的构造运动，看看沉积岩在地球构造运动的作用下经历了哪些奇妙的变化。

扩展阅读

你还记得什么是地层吗？你知道为什么原始沉积形成的地层一定是水平的吗？

弯曲的“书页”

在平整的桌面上放一本书，如果你从两侧挤压这本书，就会发现书变得弯曲。同样的道理，原始沉积形成的地层就如同平整的桌面上的书，当构造运动这位“建筑师”挤压沉积岩层时，它会发生像书本一样的弯曲变形，这种弯曲了的沉积岩层被地质学家称为“褶皱”。当你下次爬山时，可以注意一下道路两侧的沉积岩层，说不定就能发现几处褶皱。褶皱的形态也复杂多样，有的是向上弯曲的，有的是向下弯曲的。地质学家将向上弯曲的褶皱称为“背斜”，将向下弯曲的褶皱称为“向斜”。向上弯曲的褶皱形状就像一个“倒扣着的碗”，而向下弯曲的褶皱形状就像一个“正放着的碗”。此外，自然界中的褶皱的大小也有很大差异。有的褶皱很小，我们在路旁的岩层中就可以看到；有的褶皱很大，弯曲的岩层甚至超过几十千米。

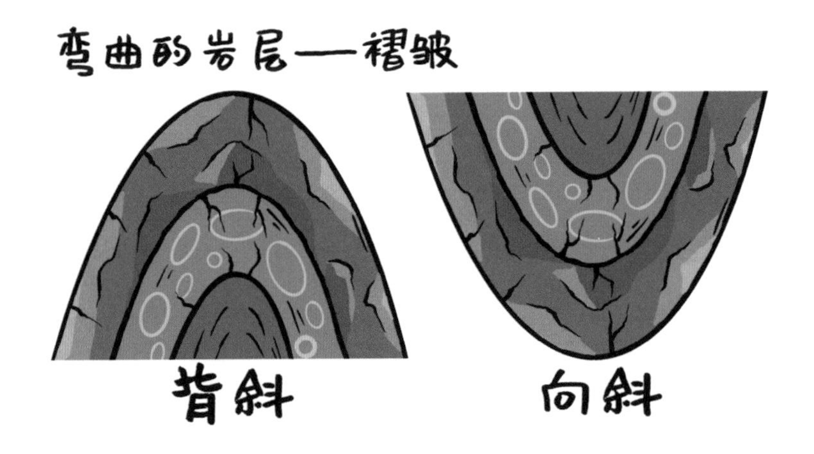

你可能有个疑问：岩石那么硬，怎么会发生弯曲呢？其实，岩层也有“柔软”的时候。大家想一想，铁板硬不硬？但是如果我们把铁板加热到很高的温度，它还是一样坚硬吗？沉积岩层的弯曲也是相同的原理。当沉积岩层位于地下数十千米深时，所处的温度可高达上百摄氏度。在那个深度下，坚硬的岩石也会变得柔软且容易变形。

撕裂的“书页”

当岩层处在高温的状态下，会变得柔软，进而发生弯曲，形成褶皱；但如果岩层所处的深度不够、温度不高时，岩层还是非常坚硬的。如果在这个时候给岩石施加外力会发生什么呢？在这种情况下，我们用书本打比方就不太合适了，毕竟此时的岩层是比较坚硬的。但是我们可以把岩层想象成一块脆的饼干，当我们施加外力时，饼干会如何变化呢？它就会断开碎掉。

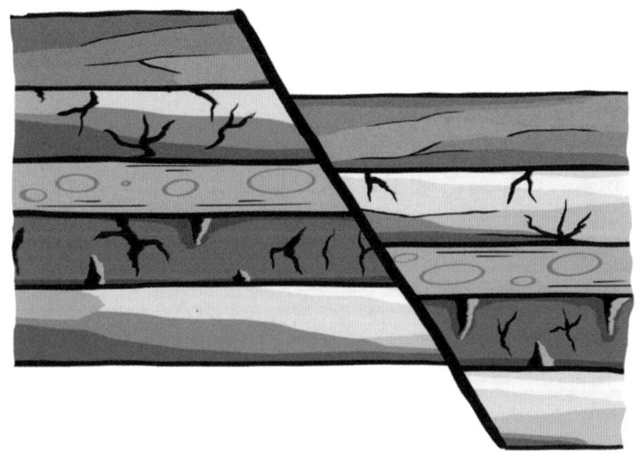

相应的，岩层受力也可能断开，这个现象称为“断层”，意思就是断开了的岩层，断开的岩层会各自运动而分开。和褶皱一样，断层也是自然界中岩层变形的一种主要形式。有的断层非常小，就是我们在山上的路边就能看到的岩石裂缝，长度不过几米，宽度也不过几毫米；有的断层非常大，长度可达几百千米，宽度也有几千米。这些超级大的断层往往被地质学家称为“断裂带”，它们的活动很有可能导致大地震的发生。

前面提到，断层其实就是岩层像饼干一样在外力的作用下破碎形成的。那么，是什么样的外力造成了岩石的破碎呢？是拉力、挤力，还是其他形式的力？你可以找来饼干做实验，模拟岩层受到不同的外力的情况，看看你有多少种方式使饼干破碎。

石油的“新小区”

原始水平的沉积岩层在地球构造运动的作用下，可以变成不同规模的褶皱和断层，特定条件下的褶皱和断层便可以成为适合油气聚集并长期“居住”的“新小区”，我们称之为“圈闭”。下面就让我们一起了解一下石油的“新小区”吧。

圈闭的三个必需条件

圈闭是石油和天然气在被开采出来之前的最终“居住地”，它们会在这里聚集并“定居”下来。如果说开采出来的油气是储存在“油罐”里，那么地下未被开采的油气便是储存在“圈闭”里。大家可以想一想我们居住的小区，除了一排排的楼房，还通常有一圈围栏或围墙。油气居住的这个“新小区”也是如此，除了必要的储油层、盖层组成油气居住的“房子”外，也需要相当于围栏或围墙的遮挡物。只不过，这里的遮挡物不是为了保护“小区”，而是要阻止活泼的油气宝宝跑到小区外面。

因此，一个合格的圈闭有三个必不可少的部分，也就是储油层、盖层和遮挡物。我们已经了解了储油层和盖层，覆盖在储油层之上的盖层可以阻止油气向上逃跑，而遮挡物则是位于储油层的侧面，防止油气向四周侧向逃跑。可以这样理解，储油层内的孔隙是油气居住的房间，储油层是“石油小区”里的一排排楼房，盖层是楼房的房顶，而遮挡物则是小区周围的围栏或围墙，它们共同组成了一个完整的圈闭，使得石油和天然气可以长时间待在这里。根据遮挡物的不同，地质学家将圈闭分成了不同的种类。

倒扣着的“碗”——背斜圈闭

我们在前面讲到了，地下的岩层在高温下会变软，受到构造作用的影响会发生向上弯曲，形成“背斜”这种特殊的现象。可以说背斜就像一只倒扣着的碗，或者一个蒙古包。它的四周都被弯曲的岩层围起来了，因此背斜自己就是一个绝佳的圈闭！“背斜圈闭”是自然界中最多的圈闭。早期开采油气时，科学家发现所有的油气都储存在背斜圈闭中，因此还提出了“背斜学说”，认为油气只存在于背斜中。然而，随着被开采的油气越来越多，人们发现还有别的圈闭类型。

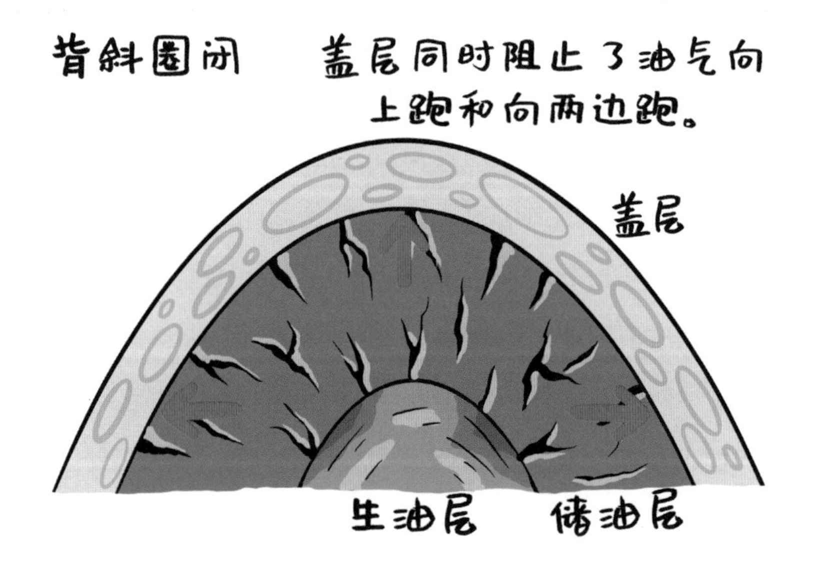

扩展阅读

除了背斜圈闭，常见的还有断层圈闭和地层圈闭。你知道它们有什么特点吗？

“石油小区”有多大

人类居住的小区能住多少人取决于小区的大小和规模，通常我们可以用“面积”来衡量。那么我们该怎样衡量一个圈闭究竟可以储存多少油气呢？

地质学家用“闭合面积”和“闭合高度”这两个指标来衡量一个圈闭的大小。闭合面积指的是圈闭所能围成的面积，就是圈闭的遮挡物围出来的面积，就像我们小区的占地面积一样。闭合高度指的是圈闭的最高点到最低点之间的高度，也就是楼房从房顶到地面的高度。

拿背斜圈闭来举例，背斜圈闭就像一个倒扣在桌子上的碗，闭合面积就是碗的边缘围成的面积，闭合高度就是碗底到桌面的高度。可以看出，闭合面积和闭合高度越大，整个圈闭的体积就越大，也就能够储存更多的油气。

那么，如果两个圈闭的闭合面积与闭合高度相同，它们能够储存的油气量就一样吗？答案是否定的。不要忘了油气是储存在储油层内的，同样的闭合面积和闭合高度，只能说具有相同的储油层体积。但是由于不同储油层具有不同的孔隙度，它们所能储存的油气量是不一样的。

认识下油气的“室友”

请大家思考一个问题：圈闭中只有石油和天然气居住吗？当然不是的。其实，干酪根在分解的过程中，除了生成石油和天然气，还能生成水。此外，地下的储油层原本就多多少少含有一些水。这种待在地下储油层中的水被称为“地层水”，是地下水的一种。因此，圈闭中除了石油和天然气之外，还有一个重要的“室友”——地层水。

石油、天然气和地层水在圈闭中是怎样分配“房间”的呢？大家一定知道，在自然界中，密度小的物质由于浮力的作用会漂在密度比较大的物质的上面，最直观的例子就是我们吃饭的时候经常看到的，油漂浮在汤汁的上面。由于水的密度比石油大，石油的密度又比天然气大，因此，在储油层里面，石油会在地层水的上面，而天然气又会在石油的上面。最终的结果就是，天然气在最上面，石油在中间，地层水在最下面。

石油“社区”

自然界中的圈闭非常普遍，但需要注意的是，并不是所有的圈闭都会有石油和天然气“入住”。由于石油和天然气是在生油层内生成，并经过两次运移，才能进入圈闭中，因此，在生油层附近的圈闭更容易得到油气的“光顾”。一旦圈闭有油气“入住”，便成了“油气藏”，也就是油气的藏身之地的意思。而那些周围没有生油层的圈闭则通常只有地下水在里面“居住”。

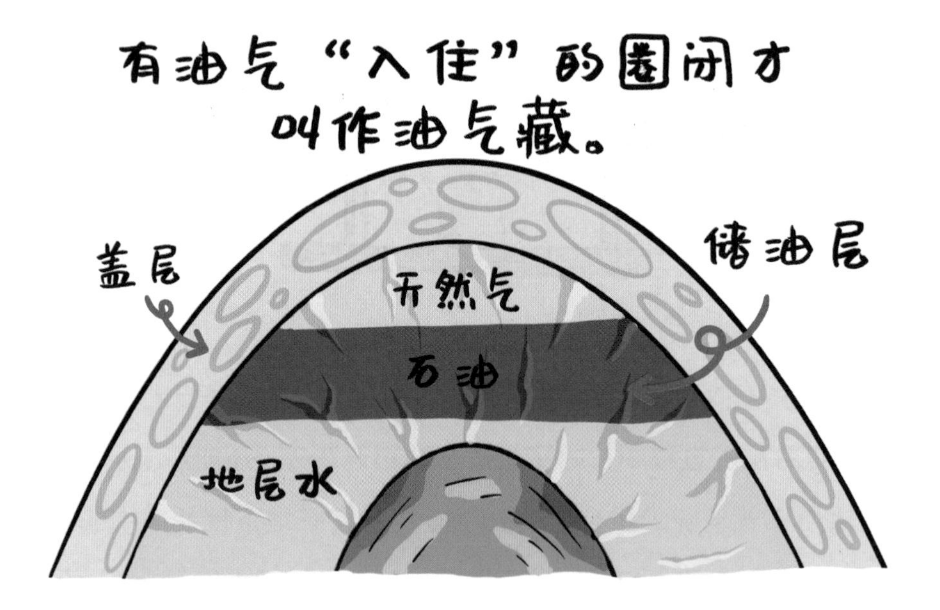

那些具有充足生油层的地方，其附近的圈闭大部分都会储存石油和天然气而成为油气藏，地质学家便将这种存在多个油气藏的地方称为“油田”。比如，我们国家发现的第一个特大油田“大庆油田”就是由好几个大型的油气藏共同组成的。如果大家有机会去大庆油田游玩，就会发现漫山遍野的油井，其中一个或几个油井就对应着地下的一个油气藏。

油气需要一个坚固的家

就如同我们生活居住的地方如果经历了地震、洪水、泥石流等自然灾害就可能被破坏一样，圈闭也可能被破坏掉。比如我们之前提到的背斜圈闭，如果又遇到了非常强烈的地球构造运动，盖层会产生大量的裂缝，此时圈闭内的油气就会沿着这些裂缝“离家出走”。因此，要想圈闭内的油气安稳地待在里面，就需要长期稳定的构造环境，避免剧烈的构造运动，这也是确保这些油气能保存到今天，并被我们开采出来的重要的最后一环。

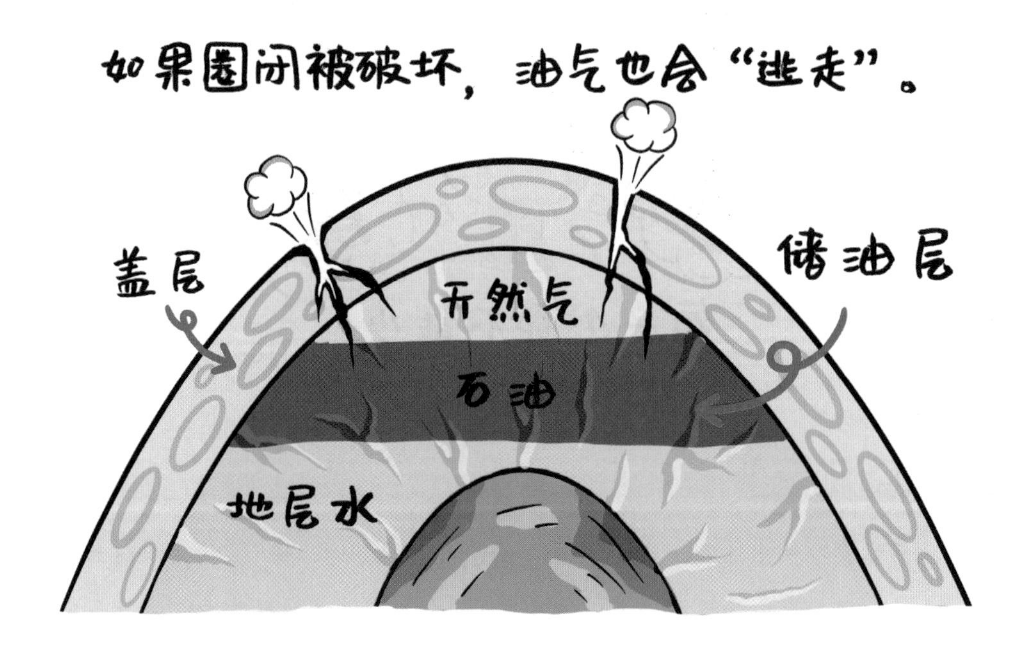

油气“六字诀”

地质学家将石油和天然气从生成到储存在圈闭内的一系列过程概括为六个字：生、储、盖、圈、运、保。大家知道这六个字分别代表什么意思吗？它们分别代表了“生油层”“储油层”“盖层”“圈闭”“初次和二次运移”“保存”。

油气从生油层中生成，初次运移到储油层，再二次运移至圈闭之中，这一过程就像一个人离开家乡去外地闯荡，他一边前进，一边寻找志同道合的朋友，最终和朋友们一起找到了一个叫“圈闭”的适合居住的小区。在这个小区里，储油层就是一栋栋楼房，盖层就是房顶，遮挡物就是小区四周的围栏或围墙。石油和天然气在居住进新的小区之后，它们的新家称为“油气藏”，很多的油气藏聚集在一起就形成了我们熟悉的“油田”。

地质学家概括出油气六字诀：“生、储、盖、圈、运、保”，请结合这六个字所代表的意思和书中的插图，讲一讲石油和天然气的生成、运移和形成油气藏的过程，以及需要哪些必不可少的条件。

第四章

找寻石油的“法宝”

石油喜欢藏在哪里

我们已经知道了石油和天然气是如何产生和迁移的。它们经过漫长的孕育，悄悄地藏在地底下的某些角落里。但是，地球上并不是任何一个地方的地底下都藏着石油。我们究竟要在哪里才能找到它们呢？

地球上的“聚宝盆”

我们知道，石油的形成与沉积作用密切相关，而沉积作用又和水密不可分。那么，是不是我们只要找到水流汇集的地方，就能找到石油呢？答案的确如此！只不过，因为石油是亿万年前的沉积作用形成的，所以我们要找的其实是亿万年前水流汇集的地方。问题来了，我们怎么知道亿万年前水流汇集到哪里了呢？有句俗话说：“水往低处流。”这个规律不论是放在今天，还是放在亿万年前都是对的。所以，我们只要找到亿万年前地势低洼的地方就好了，这些地方被地质学家称为“沉积盆地”。

沉积盆地就是指能够发生沉积作用，像巨型“盆子”一样的低洼地区。它们周围一般围绕着高耸的山脉，中间相对于四周很低，于是就成了河流汇入的地方。河流所携带的泥沙和有机物就在这里堆积起来，经过亿万年的时间，很有可能形成丰富的石油资源。现如今石油资源丰富的地区在地质历史上都曾经是沉积盆地，比如著名的中东波斯湾地区就属于波斯湾盆地，我国著名的大庆油田就坐落于松辽盆地，等等。这些盆地拥有非常丰富的石油资源，有的盆地还拥有石油和天然气之外的很多矿产资源，是地球上名副其实的“聚宝盆”。

“不安分”的盆地

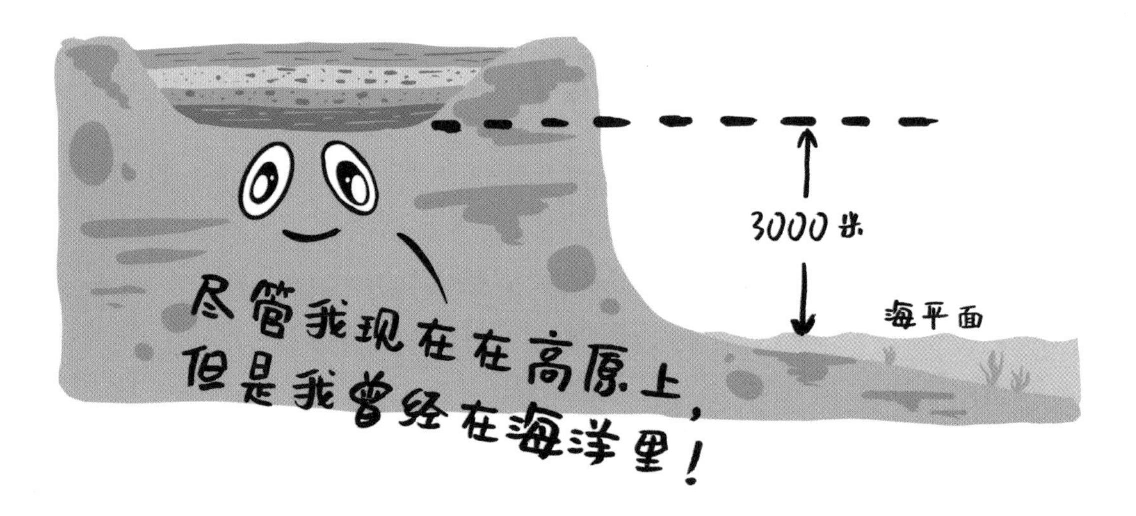

说起塔里木盆地，你的脑海里会浮现出怎样一幅景象？是一望无际的塔克拉玛干大沙漠，是不毛之地罗布泊，还是绿洲和胡杨林？不管怎样，一定都和无边无垠的大海毫不相干。但是，塔里木盆地在亿万年前实际上是一片海洋！海水覆盖了整个盆地，无数的海洋生物在这里繁衍生息，一片生机盎然的景象。

其实不只是塔里木盆地，柴达木盆地、准噶尔盆地等很多盆地曾经也都被海水覆盖着。那么究竟发生了什么呢？

大家一定听过“沧海桑田”这个词。我们的地球一直在发生着构造运动，除了水平方向的漂移，还有垂直方向的升降。只不过升降速度非常缓慢，以至于我们根本不会感觉到大地在升降。不过，如果时间足够长，这些微乎其微的运动加起来也是非常可观的。在漫长的地质演化中，陆地可能会因为下降而被海水淹没，从陆地变为海洋；也有可能反过来，逐渐上升从而露出水面，从海洋变回陆地，甚至不断上升，变成高原。比如我国的鄂尔多斯盆地曾经是一片海，而今位于黄土高原之上。更夸张的是，位于青藏高原上的柴达木盆地海拔超过 2500 米，比很多山都要高！在漫长的地质演化当中，盆地可一点都不安分呢！

“聚宝盆”如何“聚宝”

盆地是石油和天然气的“聚宝盆”，那么它究竟是如何“聚宝”的呢？我们在前面讲到了石油和天然气的形成离不开“生、储、盖、圈、运、保”这六个字，你可能已经想到了，盆地里“聚宝”的过程一定也和这六个字密不可分。那么，盆地是如何满足这些条件的呢？

前面我们提到，盆地其实并不安分，有时上升，有时下降，这就导致盆地可能被海水淹没，海水的深度也在不断变化。当盆地被海水淹没时，众多的海洋生物就在盆地里繁衍生息，它们死后的尸体堆积在海底，就形成了富含有机质的生油层。如果恰好盆地位于热带附近，又恰好海水深度合适，那么适宜的温度和充足的阳光非常利于珊瑚礁的形成。勤劳的珊瑚虫加班加点建造自己的珊瑚礁“宫殿”，这些珊瑚礁最终会变成多孔的碳酸盐岩，碳酸盐岩既可以成为优质的生油层，也可以成为优质的储油层。当海水逐渐退去的时候，海水蒸发留下的致密的石膏层就是完美的盖层。如此反复上下，“不安分”的盆地里就逐渐有了很多“生油层 — 储油层 — 盖层”的组合。而且，盆地运动的时候还会形成一系列的断层和褶皱，这就为石油和天然气的聚集提供了条件。正是这些“不安分”的运动让盆地在漫长的地质演化中完成了“聚宝”!

扩展阅读

你知道我国和世界上其他地方都有哪些著名的“聚宝盆”吗?

扫描二维码收看

现在我们知道了，大部分的石油和天然气都藏在盆地里面，这与盆地里发生的沉积作用密不可分。但是，盆地与盆地之间有着比较大的差异。有的盆地蕴藏着大量的油气资源，有的就很少，有的甚至一点都没有。而且，有的盆地以石油为主，有的盆地以天然气为主。那么，你觉得是什么原因造成了这种差异呢?

人工地震的妙用

盆地是聚集石油和天然气的“聚宝盆”，我们寻找石油就是在盆地里“寻宝”。但是，盆地实在是太大了，有的盆地面积达几十万甚至上百万平方千米！石油恰好又非常“淘气”，总喜欢和我们玩捉迷藏，悄悄地躲在地底下的某个地方，我们不可能在每一个地方都打一口井下去看有没有石油。那么，我们应该怎么办呢？

不同寻常的“透视眼”

我们知道，石油在形成之后会经过迁移，最终进入一个合适的圈闭里面，并在这个“新家园”里“定居”下来。这样一来，在盆地里寻找石油的关键就是找到盆地里的这些圈闭。如果能锁定盆地里那些圈闭，那么就能将石油这个“淘气鬼”躲藏的地点一下子缩小到很小的范围。但是问题又来了，这些东西都在地下，我们没法直接用肉眼去寻找，要是我们有一双透视眼该多好呀。

我们的石油地质工作者还真的有类似“透视眼”的手段，那就是地震勘探。在医院里，医生可以通过 X 光机给患者拍摄 X 光片来“透视”患者体内的情况。地震勘探与拍摄 X 光片的原理非常类似，都需要借助一个有穿透力的“帮手”，钻到我们看不到的地方去把那里的信息带回来。只不过拍摄 X 光片是让 X 射线透过我们的身体，而地震勘探则是借助地震波穿透岩层，深入地下。

石油地质工作者通过人工地震的方法产生地震波，这些地震波充当着“探路先锋”的角色，它们深入地下，并在不同的深度反射回来，最后被放置在地表的仪器接收到。随后，石油地质工作者对这些信息进行加工和处理，就可以了解地底深处的结构。这样一来，我们即使没有透视眼，也能够“透视”盆地深层的奥秘，找到石油可能躲藏的地方。

扩展阅读

地震勘探是借助地震波来探测地下的“奥秘”的，你知道地震波有哪些种类，它们各自有什么特点吗？

地震勘探优点多

除了地震勘探以外，石油地质工作者还有很多寻找石油的方法，比如地磁勘探是借助石油对岩石磁性的影响来寻找石油，地电勘探则是通过测量岩层的电阻大小来寻找石油……但是，在这些方法当中，地震勘探是最为重要的，也得到了非常广泛的应用，因为它的优点实在是太多了。

首先是“看得清”。借助地震勘探，我们能够清楚地“看到”地底下究竟是什么样子的。相比之下，如果用其他的方法寻找石油，就像是隔着一层厚厚的雾气看风景。其次是“看得准”。借助地震勘探，我们能够更加准确地预测石油可能藏在哪里。相比之下，其他方法只能告诉我们石油的藏身地大概是什么位置，预测的位置和实际的位置很有可能差很远。还有就是“看得远”。因为地震波在岩石中能够传播很远的距离，因此借助地震勘探我们就能一次“看到”很大范围内的地下结构，这就能为我们寻找石油节省非常多的时间和精力。正是因为有这么多的优点，地震勘探如今被广泛应用，很多大油田都是借助地震勘探找到的。

如何进行地震勘探

地震勘探的关键点是要产生地震波，这就需要用到人工地震的方法。一提到地震，大家可能就会想到山崩地裂的灾难场景。而实际上，尽管名字里都有“地震”这两个字，也都能产生地震波，但是和天然地震比起来，人工地震的“威力”要小得多。人工引发地震的方式主要有用炸药爆炸、用重锤敲打地面等方式，这些过程释放出来的能量非常小，就像是给地球轻轻地“挠痒痒”，远远比不上天然地震释放的能量，自然也就不会造成任何大的破坏了。

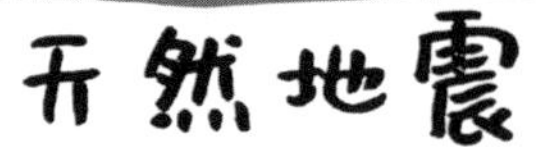

地震波产生之后就会钻到地底下去。地震波和我们熟悉的声波、光波一样都是一种波，会在一些特殊的分界面上发生反射，从而回到地面上来。因此，石油地质工作者会提前在地表放上接收地震波的仪器，等待地震波的“回归”。在接收到返回的地震波后，通过它在岩层中的传播速度和所用时间，我们就可以计算出这些特殊分界面的深度。地震波的传播距离很远，覆盖范围非常广，单独一个接收器所能收集到的信息很少。因此，为了能接收更详细的信息，石油地质工作者往往会在地面上布置密密麻麻的接收器，每个接收器都能收到地

震波从地下深处带回来的“消息”。随后，石油地质工作者对这些接收器的信息进行汇总和处理，就能准确地了解地下深处究竟是什么样子。

地震勘探的缺点

那么地震勘探就没有什么缺点吗？其实是有的，其中最主要的就是结果的“多解性”。什么叫作“多解性”呢？举一个简单的例子：有两个自然数加起来等于5，请问这两个自然数是多少？你一定可以想到，这两个数既有可能是1和4，也有可能是2和3，还有可能是0和5，这种一个问题有好几个可能答案的特点就是“多解性”。在地震勘探中，反射回来的地震波只告诉我们这一路上花了多少时间，但是不会告诉我们它们在地底下是跑得快，还是跑得慢。这样一来，在相同的时间里，如果地震波跑得快，那它到达的反射层的深度就大；相反，如果地震波跑得慢，那它到达的反射层的深度就小。这就导致了最后算出来的反射层有好几个可能的结果，这就是地震勘探的“多解性”。不过，石油地质工作者可以借助一些其他方法知道地震波在地底下的传播速度是多少，从而得到最准确的结果。

地震勘探还有一个缺点，那就是地震波会衰减。我们晚上用手电筒照路，距离手电筒近的地方比较明亮，距离手电筒越远就会变得越暗。地震波也有类似的特点，越往深处走就越“疲惫”，更不用说还要从那么深的地方返回到地表上来。因此，我们几乎接收不到很深的地下传回来的信息，也就没办法知道那里是什么样子。不过，我们也有办法解决这个问题，就是通过更大的人工地震制造更加“强壮”的地震波，它们就能够深入更深的地底下去。

尽管地震勘探有这些缺点，但是只要使用得当，它仍是石油地质工作者得心应手的“透视眼”。

扩展阅读

地震勘探不仅可以在陆地上“大展身手”，还能帮助我们在海底寻找石油呢！你知道在海洋里进行地震勘探与在陆地上有什么不同吗？

扫描二维码收看

地震勘探是我们寻找石油的时候使用的最重要的方法。现如今，几乎每一个大油田的发现都离不开它的帮助。正如前面提到的，除了地震勘探以外，我们还可以利用地磁勘探、地电勘探等方法寻找石油。那么，聪明的你还能想到其他寻找石油的方法吗？

敲开石油家的“门”

借助地震勘探，我们能够把石油可能的藏身地点局限到很小的范围内。那么接下来，我们就可以钻一口井下去，逐个“敲门”，看看里面到底有没有石油，这也是我们寻找石油的最后一步。如果某个“房子”里恰好藏着石油，那我们就大功告成啦！

“钻井武器库”大揭秘

钻井是我们开采石油的关键一步，因为在我们采集石油的时候，石油需要先从岩层中渗到油井里，然后我们才能把它们抽上来。说到钻井，大家比较熟悉的可能是水井，通常只要往地下挖几米至上百米就可以了。但是，石油往往藏在几千米深的地下，所以石油钻井经常一钻就是数千米，没有称手的“武器”可不行。

钻井设备非常复杂，其中最重要的几个部分就是钻头、钻杆和井架了。钻头和钻杆要深入地下，井架则是待在地面上起到稳固作用。钻井的过程中还有一个非常重要的东西，叫作“泥浆”，它在泥浆泵的带动下不停循环。泥浆有着非常关键的作用。如果说钻井平台是一个大力士，那么泥浆就是它身体里的血液，泥浆泵就是它的心脏。除了以上几样以外，“钻井武器库”还有很多其他重要的设备，比如让钻头旋转起来的转盘、提供动力的柴油机、监控钻井状态的各种传感器等。这些设备各司其职，才能保证我们成功地钻出一口井。

“开路先锋”——钻头

钻井时冲在最前面的就是钻头了，它是名副其实的“开路先锋”。石油钻井的钻头可不是常见钻头那种尖尖的样子，看上去反而有些“虎头虎脑”的。不过，这些钻头前面都有用高强度合金，甚至金刚石做成的刮刀和“牙齿”，它们就是靠这些来把岩石切碎。不同的任务也会用到不同的钻头，比如遇到普通岩石就派合金钻头上场，遇到比较坚硬的岩石就派金刚石钻头上场，如果要执行取岩芯这种特种任务，就要派“特种兵”——取芯钻头上场。

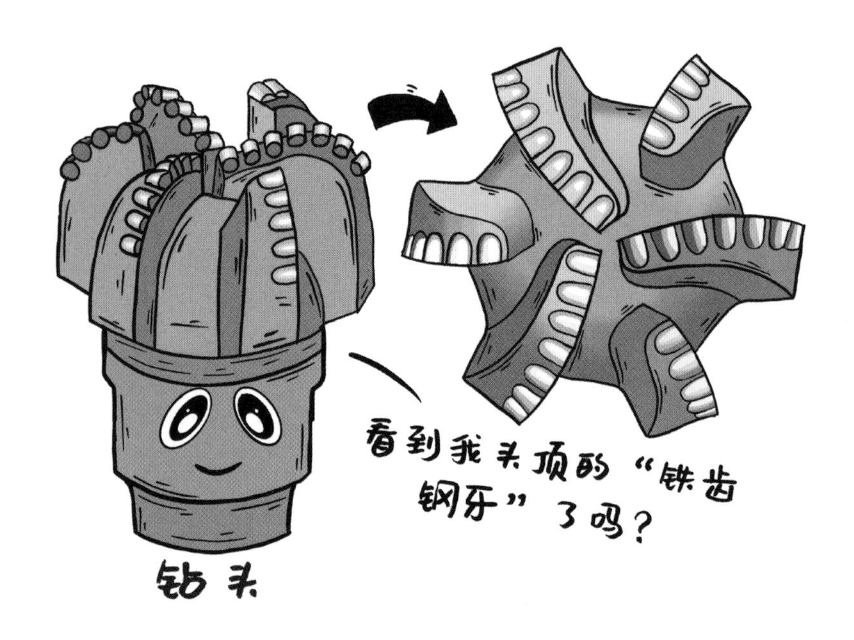

钻头可以说是钻井设备里最累的一个了，毕竟它要与坚硬的岩石正面对抗。钻头也不能无限制地用下去，它们也是有寿命的。一个钻头能用多长时间取决于它的“工作强度”，也就是它所要面对的岩石的硬度。如果是比较软的岩石，比如泥岩、页岩，那么钻头的使用寿命就会长一点；相反，如果是非常硬的岩石，比如砂岩等，那么钻头的使用寿命就会短一点。一般来说，每个钻头平均只能钻几百米深，因此如果要钻一个数千米深的井，就有可能要耗费上十个钻头甚至更多。

“后勤大队”——钻杆

钻头并不是“孤军深入”，而是靠一根根长长的钢管连接到地面的设备上，这些钢管被石油地质工作者称为“钻杆”。单根钻杆的长度一般只有十几米，但是它们首尾相连，就能从井口一直延伸到井底，长度可达数千米。

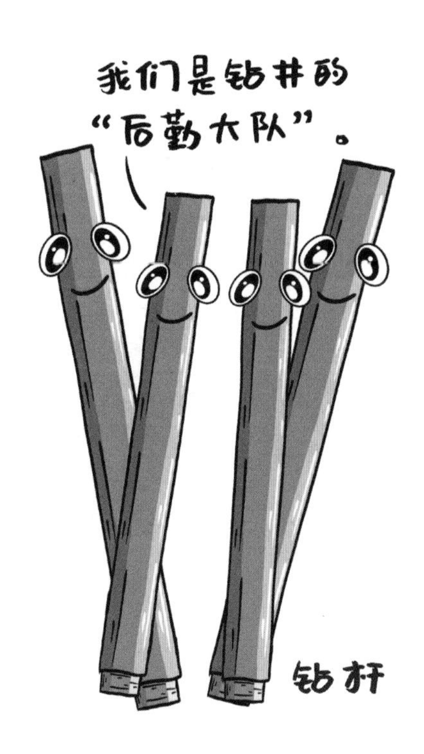

钻杆上端连着转盘，下端连着钻头。当钻井的时候，转盘在柴油机的带动下旋转，转盘带动钻杆，钻杆再把动力传递给钻头，带动钻头旋转，切碎岩石。而且，钻杆的中间是空心的，这样不仅减轻了自己的重量，还形成了一个通道，这个通道可大有用处呢！我们前面提到的钻井平台的“血液”——泥浆正是从钻杆中间的通道下到井底，再沿着钻杆周围的空隙回到地面上。如果说泥浆是钻井平台的“血液”，那么钻杆就相当于“血管”。总之，钻杆不仅起到了传递动力的作用，还不断地向钻头输送泥浆，所以说它是钻井“后勤大队”。

“大将军”——井架

钻井平台地面之上最显眼的就是一个“铁架子”，石油地质工作者把它称作“井架”。大家可不要小看这个几十米高的铁架子，如果说钻井平台是一个大力士，那么井架就是大力士的骨架。正是有了井架的支撑，井架顶端的吊车才能轻松提起几百吨重的东西，钻头和数千米长的钻杆的升降都要靠它来拉动。而且，钻井平台其他各种设备几乎都是围绕着井架来工作的，有的甚至直接安装在井架之上，这也让井架犹如十八般武艺样样精通的“大将军”，指挥和协调大家一起工作。可以说，除了切碎岩石要靠钻头，传递动力要靠钻杆以外，钻井的其他工作基本都是靠井架和它上面的各种设备来完成的。

泥浆中的大学问

前面我们讲到，如果说钻井平台是一个大力士，那么泥浆就是它身体里的血液。普普通通的泥浆为什么这么重要呢？其实，钻井时用到的泥浆可不是普普通通的泥浆，而是加入了很多“添加剂”的泥浆，它还有一个正式的名字，叫作“钻井液”。

大家可能看到过，在切割石头时工人会不停地往刀片上浇水，这是因为刀片在与石头摩擦的时候会产生大量的热，浇水不仅可以降温，还可以起到润滑的作用。钻井的时候钻头与岩石摩擦，泥浆也起到了降温和润滑的作用。

这时，你可能又有一个疑问，那就是为什么不直接用水呢？这是因为泥浆还有另一个重要的使命，那就是把井底的岩石碎片带上来。我们知道，岩石的密度比清水大很多，如果用清水，根本没办法把较重的岩石碎片带上来，这些碎片就会堆积在井底，最后把钻头卡住。但是，黏稠的泥浆能很容易地把岩石碎片带上来。所以，泥浆对于石油钻井来说是非常重要的。

潜伏的危险

在探索地下深处的过程中，石油地质工作者要面对的是坚硬的岩石和钢铁都难以承受的高温。

尽管石油钻井的深度普遍只有数千米，但也面临着同样的考验。正如前面讲到的，尽管钻井使用的钻头是用高强度合金，甚至是金刚石做成的，但是如果遇到砂岩这种非常硬的岩石，就特别损耗钻头。而且，钻井过程中还可能出现各种意外情况，比如井壁塌下去了，钻头被卡住，等等。

钻井时还会遇到各种危险，其中最危险的可能就是井喷了。我们知道，地下深处的压力是很大的，如果不小心的话，岩层里面高压的地下水就会通过油井喷出来。更危险的是，如果喷出来的液体当中混入了石油或者天然气，就很有可能引发火灾。那么如果发生了井喷该怎么办呢？这时就需要“神通广大”的泥浆出马了。石油地质工作者会在泥浆中加入密度非常大的重晶石，这样泥浆就会变得更重，就能靠自己的“体重”把井底不安分的液体“压住”，从而“降伏”它们。

扩展阅读

在钻井的同时，我们还要完成一些“特殊任务”，比如取岩芯、测井、固井。你知道这些特殊任务的目的是什么吗？

扫描二维码收看

前面我们介绍了泥浆的几个重要的作用。其实泥浆的用处还多着呢！比如，泥浆中的一些特殊物质能够附着在井壁上形成一层保护膜；泥浆还能让钻头和钻杆产生一些浮力，减轻井架的压力……你还能想到泥浆有什么其他作用吗？

第五章

走入千家万户

从地下到地上

如果一切顺利，经过找盆地、地震勘探、钻井这几个步骤，我们就能找到石油的藏身地，并且“敲开”它们的家门进行采油了。不过，石油非常“淘气”，不同的石油有不同的“性格”，人们针对不同“性格”的石油准备了各种各样的应对办法。

“性格”迥异的石油

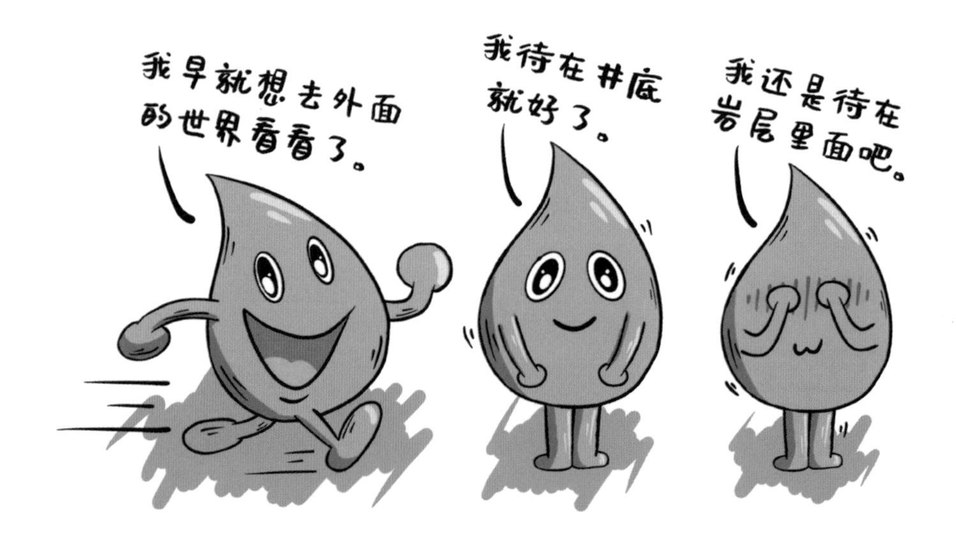

不同的石油有不同的“性格”，有的非常“活泼”，十分想从地底下出来；有的比较“文静”，静静地待在井底；还有的稍微有点“害羞”，甚至不愿意离开岩层到油井里来。那么，是什么原因让石油有了不同的“性格”呢？

我们知道，地下深处是有压力的，石油是有一定黏度的。如果岩层的压力很大，石油黏度比较小，那么石油就很容易被地下的压力挤到井里，并且被推到地表，这就是“活泼”的石油。相反，如果岩层的压力不是很大，或者石油比较黏稠，那么这点压力只能把石油从岩石的孔隙中挤到井内，但是没有力气再把它推到地表，这就是“文静”的石油。而如果石油非常黏稠，那么它们就会牢牢“抓住”岩石，地底下的压力也拿它们没办法，这就是“害羞”的石油。

如果我们把储藏在岩层中的石油看作一瓶可乐，那么钻井就相当于拧开瓶盖。“活泼”的石油就像是充满气的可乐，我们刚打开瓶盖，它们就会喷出来。这种能自己喷出石油的油井被称作“自喷井”，也是最受欢迎的油井，因为不需要其他设备就能采到石油。不过，随着地底压力的释放，石油也会慢慢变得“文静”起来。

不想上来怎么办

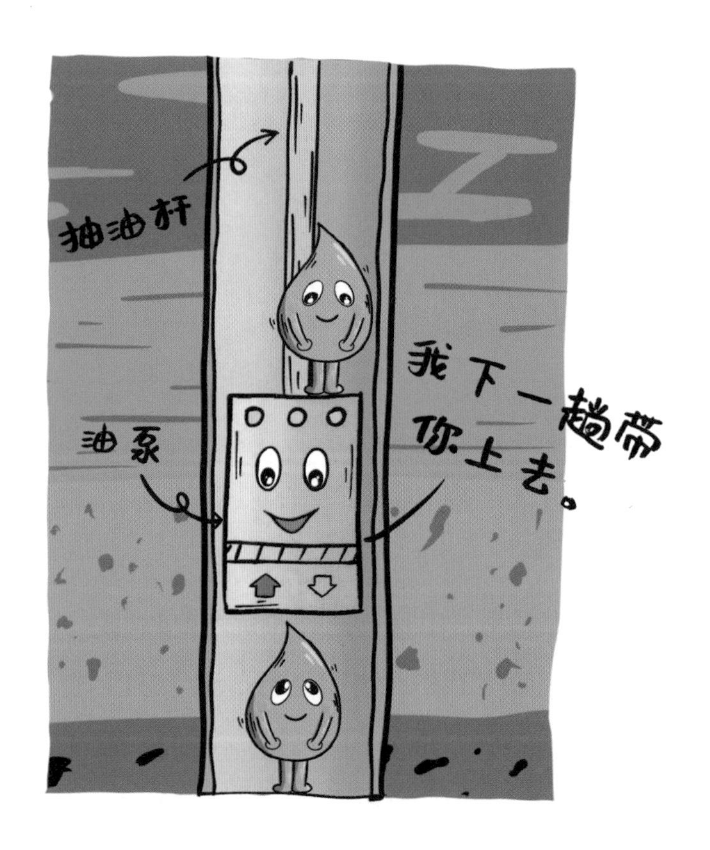

石油如果变得“文静”起来，或者一开始就很“文静”，那么就会静静地待在井底不想上来，这个时候就需要我们“催促”一下它们。

最直接的方法是用油泵，像抽水一样把井底的石油抽上来，这种方法就和我们用吸管喝可乐是同样的道理。在实际采油中，石油地质工作者一般会使用电动机带动油泵工作，根据电动机是在地面上还是在井底，又可以分成两种抽油办法。

如果电动机在地面上，我们把这种油泵称为“有杆泵”，因为它有一根长长的叫作“抽油杆”的铁杆，用来连接地面上的电动机和井底的油泵，其中大家最熟悉的就是“磕头机”。这种方法应用非常广，但它有一个很大的缺点，就是井有多深，连接用的抽油杆就要有多长，越长的抽油杆重量就越大，这就要求设备非常“强壮”，成本也会越来越高。因此，一些比较深的油井不会采用这种办法，而是干脆把电动机和油泵一起送到井底去，这种油泵被称为“无杆泵”，因为它没有连接电动机和油泵的长长的铁杆。不过，井底的环境可比地表恶劣多了，那里泥沙多，温度高，腐蚀性强，对需要长年累月工作的电动机是一个不小的考验。

扩展阅读

你知道“磕头机”是如何工作的吗？

扫描二维码收看

给石油“打打气”

用油泵采油就像是用“电梯”把石油带到地面上来，那么有没有办法让它们“自己走”呢？答案是有的，那就是给石油“打打气”。大家可以试着做一个小实验，拿出一瓶还剩三分之二的可乐，然后用吸管向瓶底吹气，看看会发生什么。如果顺利的话，你应当能观察到原本“平静”的可乐又喷了出来。在

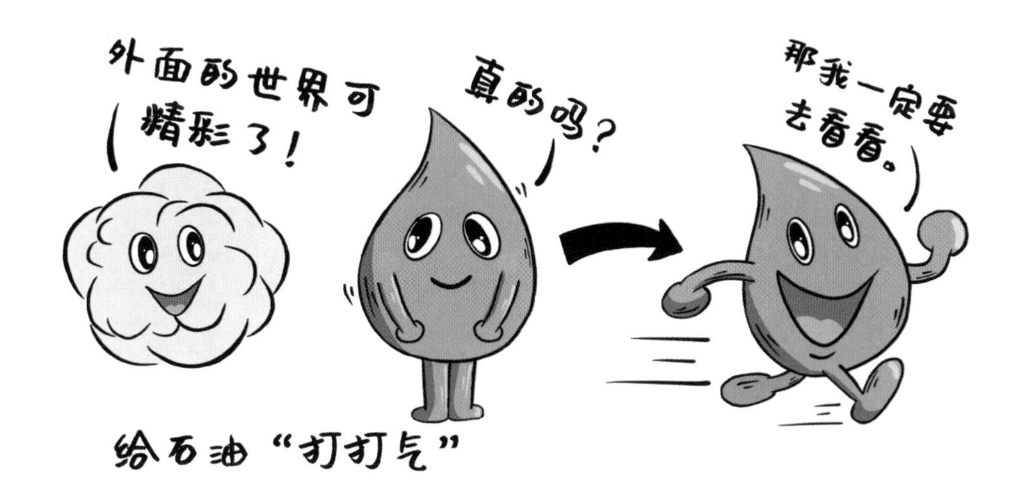

开采石油的时候，我们也可以用与之类似的方法，就是把经过高压压缩的气体打到井底，让原本“文静”的石油变得“活泼”起来，这样它们就能自己从井里喷出来了。

当气体被打进井底时，主要会引起两个变化：一是井底的压力会变高，也就是“力量变大了”；二是石油和气体混合后密度会减小，也就是“身体变轻了”。这两个变化都有助于把石油从井底推上来。石油地质工作者经常用这种办法让停止自喷的油井恢复自喷，甚至还能把不能自喷的油井变成自喷井。这种办法甚至可以把三千多米深的石油推上来，而且不必使用复杂的设备，可谓非常经济实惠。

“害羞”的石油

读到这里，我们已经知道如何开采“淘气”和“文静”的石油了，那么对于“害羞”的石油，我们该怎么办呢？石油地质工作者把这些害羞的石油称作“稠油”，因为它们实在是太黏稠了。如果能够降低它们的黏度，那么前面讲到的各种开采方法就能派上用场了。

我们可以向稠油中加入一些特殊的物质，通过化学反应直接降低它们的黏

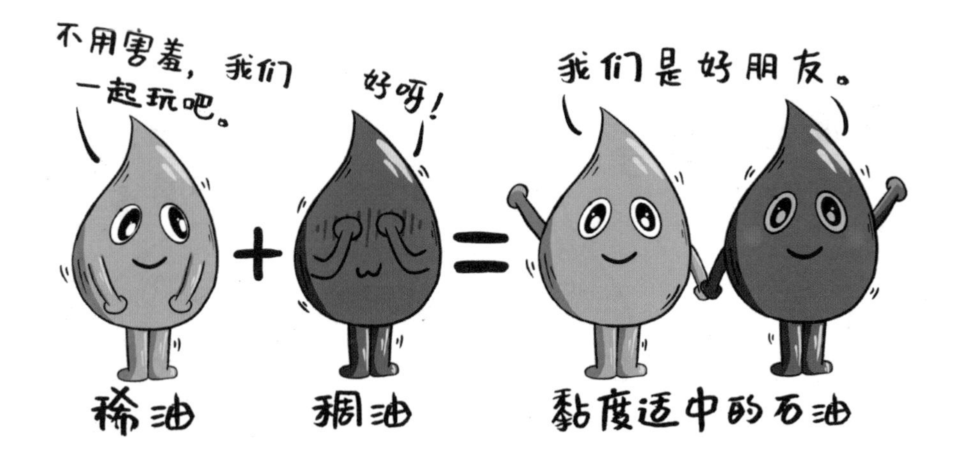

度。或者，我们可以向井底灌一些“稀油”，也就是黏度比较低的油，这样两种石油混合在一起，就会有一个适中的黏度。不过，这两种方法都只适用于能自己流进油井的稠油，也就是那些不那么“害羞”的石油。而对于那些非常“害羞”的石油，它们黏度非常大，会牢牢地粘在岩石上，甚至没法流进油井里。

那么这个时候我们该怎么办呢？物理原理告诉我们，温度越高，黏度越小，那我们干脆直接给岩石孔隙里的稠油“蒸桑拿”！我们可以把高温的水蒸气注入岩层的孔隙中，稠油蒸完“桑拿”后，温度升高，黏度降低，就能主动流到油井里，接下来的工作就可以利用我们前面讲到的各种采油方法啦。

给稠油“蒸桑拿”

扩展阅读

扫描二维码收看

前面我们讲到过，石油和天然气是一对亲兄弟，那么你知道天然气的开采与石油的开采有什么相同之处和不同之处吗？

针对不同“性格”的石油，我们有不同的办法把它们采上来，这些办法有各自的优点，也有各自的缺点。那么，除了我们介绍的这几种方法，你还能想到哪些方法呢？

采油“三部曲”

前面我们讲到的主要是如何把井底的石油采集上来。一般来说，采油最困难的并不是把井底的石油抽取上来，而是让石油从岩层的孔隙里出来，汇入到油井里面去。

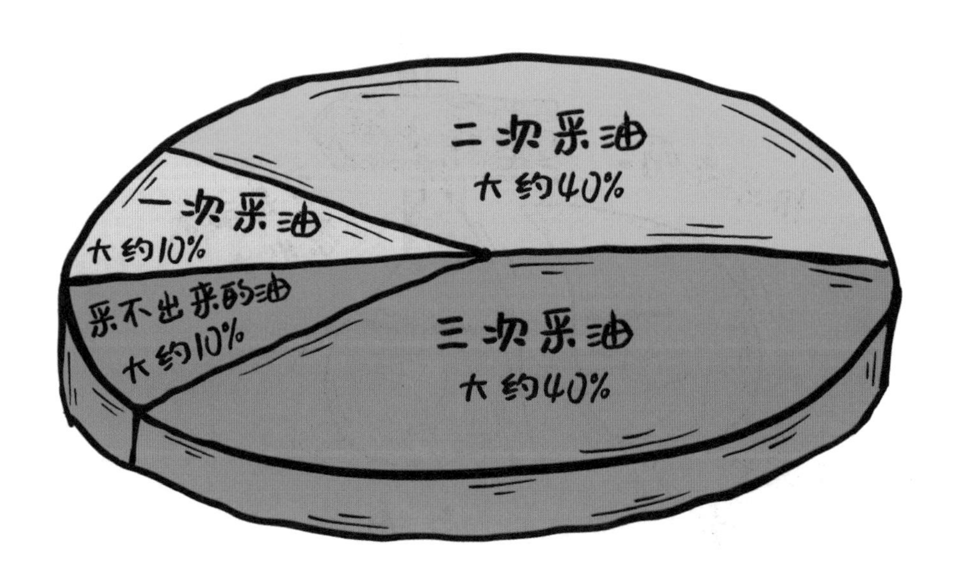

我们最开始采集到的石油都是能够主动到油井里来的“淘气”石油，这个阶段被称为“一次采油”。一次采油只能收集到岩层石油储量的10%左右，也就是说还有相当一部分石油躲在岩层的孔隙里。当能够主动到油井里来的“淘气”石油被采完后，我们就要用一些特殊的方法把藏在岩石孔隙里的石油赶出来。首先，我们可以把水注入岩层当中“驱赶”石油，这个阶段被称为“二次采油”。二次采油能收集到岩层石油储量的40%左右，也就是说还有一半左右的石油躲在岩层里不出来。这时，我们就要派出我们的采油“特种部队”到岩层里去，把孔隙里的石油找出来，送到油井里，这个阶段被称为“三次采油”。三次采油的效率主要看派出的“特种部队”实力如何，如果它们实力很强，加上前两次采的油，我们甚至可以收集到岩层石油储量的90%以上！

让“牧羊犬”赶着石油走

二次采油就是要对付残留在岩石孔隙里面不愿出来的“害羞”的石油。我们可以把它们看成一群羊，能够随意进出岩石孔隙的水就特别适合来当“牧羊犬”，到岩石孔隙里去把它们赶出来。为了把石油往油井的方向驱赶，石油地质工作者通常会另外打几口注水井，通过这些注水井把水注入含有石油的岩层当中。由于注水井的压力比油井大，这些水就能把注水井和油井之间的石油驱赶到油井里来。

能当“牧羊犬”的水也不是一般的水，需要经过重重处理。首先，因为岩石孔隙的直径很小，所以要去除水里面的泥沙，防止它们堵住通道。其次，注水和采集石油用的管道都是铁制的，它们一怕生锈，二怕酸性物质腐蚀，所以我们还要去除水里溶解的氧气和能分泌有机酸的细菌。我们知道，烧水壶长久使用后会结出一层水垢，我们注水和采油的管道也面临着同样的问题。更麻烦的是，如果水垢结在了岩石的孔隙里，那就会把石油流通的通道彻底堵死。所以，我们还要降低水里矿物质的含量，以减少水垢的产生。水在经过这些处理之后才能成为合格的“牧羊犬”，深入到岩层当中去完成任务。

偷懒的“牧羊犬”？

到二次采油的末期，我们从油井里抽上来的其实都不能算作石油了，因为其中的含水量可能超过 90%！这就很奇怪了，明明还有一半左右的石油藏在岩石的孔隙里，为什么我们用水赶不出来呢？这就相当于，我们放出去 90 只牧羊犬，结果只带回来了不到 10 只羊！草原上明明还有很多羊呀，究竟发生了什么呢？

其实并不是牧羊犬偷懒了，而是羊变聪明了。我们知道，水通常会沿着阻力最小的方向流动，因此，在我们把水注入岩层当中后，水就会寻找阻力最小的方向前进，找到一个阻力最小的通道到达油井。也就是说，“岩层中本没有路，走的水多了就变成了路”，后来的水都会沿着这条路走，只能把这条路上的石油带到油井里。就好比我们的牧羊犬只认得一条路，而不会到更大的范围内去搜索羊群，这就导致带回来的羊越来越少。而且，水的黏度比石油小，这就导致水在岩石孔隙里的流动速度比石油大，就像是牧羊犬跑得比羊群还快，结果牧羊犬先回来了，但是把羊群落在了后面，好不容易聚起来的羊群就又四散逃跑了。因此，二次采油后，我们也只能收集地下石油储量的一半左右，这时就需要派出三次采油的“特种部队”来帮助我们采集更多的石油了。

组织队伍的“小队长”

为了防止水只沿着阻力最小的一条通道流动，石油地质工作者会在水里加入一些特殊的聚合物。这些聚合物溶解在水里，能够通过自己的特殊本领让水流分散开，把更大范围内的石油“驱赶”到油井里面。它们就像是组织牧羊犬队伍的“小队长”，让牧羊犬搜索的面积变得更大，自然就能找到更多的

羊。“小队长”还能减缓岩石孔隙里水流的速度，让它们尽量和石油的速度保持一致，就像是在时刻提醒牧羊犬不要只顾自己跑得飞快，而把羊群忘在了身后。

正是由于聚合物的特殊本领，它已经被广泛地应用在三次采油当中，甚至能让一些濒临停产的老油田焕发新生。不过，正如前面提到的，地下深处的环境是非常恶劣的，因此我们使用的聚合物不能太“娇气”；还有就是千万不能残留在岩石当中，把原本就狭窄的孔隙通道堵住。目前投入使用的聚合物都是身经百战的“佼佼者”，我们的大庆油田和胜利油田就用到了聚合物。

把岩石“洗干净”

我们知道，如果碗碟上面沾上了油污，那么即使我们用清水洗很多遍，还是会有一些油污残留在上面。采油的时候我们也会面临同样的问题，因为一部分石油会牢牢地粘在岩石孔隙的壁上形成一层油膜，即使往水里加入聚合物，也拿它们没什么办法。那么我们应该怎么办呢？

你可能已经想到了，把洗洁精溶解在水里，然后注入岩石当中不就好了吗？其实石油地质工作者就是这么干的！我们生活中的洗洁精、洗衣液、肥皂等是由一种叫作“表面活性剂”的物质制成的，它们能够把油污从物体的表面“洗下来”。三次采油的时候，石油地质工作者也会在注入岩层的水中加入表面活性剂，这样就能把粘在岩石孔隙壁里的石油“洗下来”，再由水流带到油井里面。不过，石油开采所使用的表面活性剂要在地下极其恶劣的环境里工作，因此和我们生活中使用的洗洁精等的成分有很大不同。石油地质工作者有时会往注入岩层的水里同时加入聚合物、表面活性剂，这样就能组成一支“全能小分队”，帮助采出更多的石油。

扩展阅读

不论是聚合物，还是表面活性剂，本质上都是人工合成的化学物质，对环境都会有一定影响。那么，有没有更加天然环保的方法呢？

扫描二维码收看

前面我们介绍了一些采油的方法，它们的最终目标都是让藏在岩石孔隙里的石油“乖乖地”到油井里面去。科学家们也在不停地寻找更好的办法。那么，除了我们前面提到的这些办法，聪明的你还能想出其他的办法吗？

点“石”成金

未经加工的石油还只是普普通通的黏稠液体，需要经过加工才能为我们所用，就像一块普通玉石，只有经过精雕细琢才能变成精美的玉器。因此，把石油顺利开采上来是石油勘探的终点，却是石油化工的起点。我们生活中不可或缺的石油制品都是经过石油化工来生产的。接下来，就让我们看看石油化工是如何像变魔术一样点“石”成金的吧！

石油的“训练场”

石油化工变魔术的地方通常是在“炼油厂”。人类早期利用石油都是直接将石油烧掉，是一种非常浪费的方式。19 世纪初，俄国的杜比宁兄弟建立了世界上第一座釜式蒸馏炼油厂，而比较成熟的石油冶炼工业直到 19 世纪末期才逐渐建立起来。我国的第一个炼油厂是 1907 年陕西延长石油官厂建立的“炼油房”。

炼油厂是一个名副其实的石油“训练场”，里面有各种各样的“训练设备”。石油进入炼油厂之前叫作“原油”，经过炼油厂的“训练”之后，就变成了汽油、煤油、柴油、润滑油、石蜡油、溶剂油、沥青等产品和化工原料。其中汽油、煤油、柴油等主要用作燃料，润滑油主要用于机械设备的润滑，沥青主要供道路建设使用，石蜡油的用处则非常广泛，其中食品级的石蜡油还可以用于制造药品。总而言之，炼油厂是一个变魔术的地方，是一个能点“石”成金的地方。

“训练”前的准备

在石油正式开始“训练”之前，还有一个非常重要的步骤，那就是去除石油里面含有的水和矿物质盐，因为它们的危害比较大。首先，它们有可能腐蚀炼油设备，或者在设备内结出水垢，影响设备的使用寿命，甚至造成危险，引发安全事故。此外，含水量越高的石油消耗的能量也会越多。

那么我们要怎么把这些“捣蛋鬼”去除呢？我们知道，矿物质盐是溶解在水中的，那么只要把水去除，就能一并把矿物质盐带出来。不过，炼油工人会先往石油里加少量的水。这时你可能有个疑问，我们不是要除水吗，怎么还往里面加水呀？这是因为石油里的矿物质盐有可能已经结晶了，如果我们只把它原本的水去除，那么就没法把这些结晶的矿物质盐带出来。所以，我们先往石油里加一些水，让这些水把结晶的矿物质盐溶解掉，然后我们再把水除掉，就能把结晶的矿物质盐也带出来了。随后，我们就可以利用石油和水之间不相溶的特性，把水从石油中去除，让石油做好接受“训练”的准备。

来场“体质测试”

做好准备的石油首先会进入“蒸馏塔”内进行一场“体质测试”。我们知道，石油分子是由碳原子和氢原子组成的，含有的碳原子数目越多，石油分子的“体重”就越大，沸点就越高，就越不容易变成气体。在蒸馏塔内进行的“体质测试”就是按照石油分子的“体重”把它们分成不同的组。

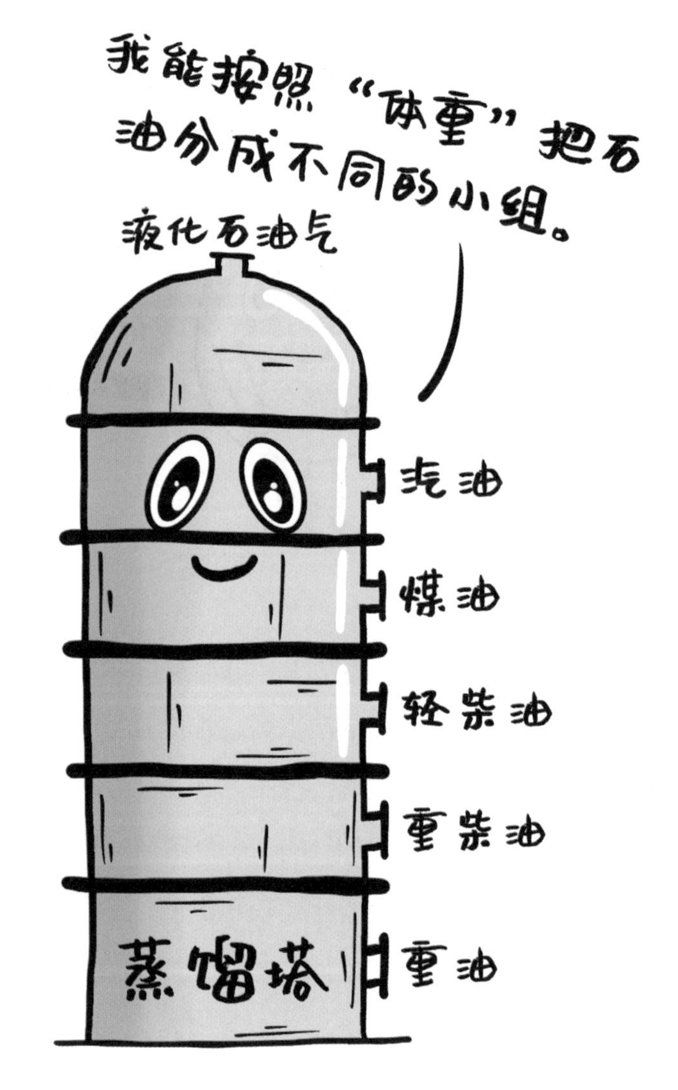

蒸馏塔是一个高高的圆柱，我们看到的炼油厂里最高的那根大柱子就是蒸馏塔。我们把石油加热后送进蒸馏塔内，石油当中“体重”较轻的分子就更容易变成气体，往蒸馏塔的顶部跑，而“体重”较重的分子就往蒸馏塔的底部沉。这样一来，蒸馏塔内从上到下就分布着不同“体重”的石油分子。最上面的是最轻的气体，也就是我们经常听说的“液化石油气”。再往下依次是汽油、煤油、轻柴油和重柴油，它们经过冷却之后就会变成液体。最底下的是最不容易变成气体的液态的重油，它们一般还会再经历一

次蒸馏，从中分离出润滑油、石蜡油等。

通过蒸馏塔内的“体质测试”，我们按照石油分子的“体重”大小，把它们分成了不同的小组。在此之后，它们还要经历一系列的“训练”，然后才能走上不同的“工作岗位”。

石油分子的“分身术”

蒸馏后，我们生活中最需要的分子重量小的汽油、柴油等燃料油只占了很少一部分，大部分的石油都被分去了不能直接用作燃料的重油组。这可怎么办呢？

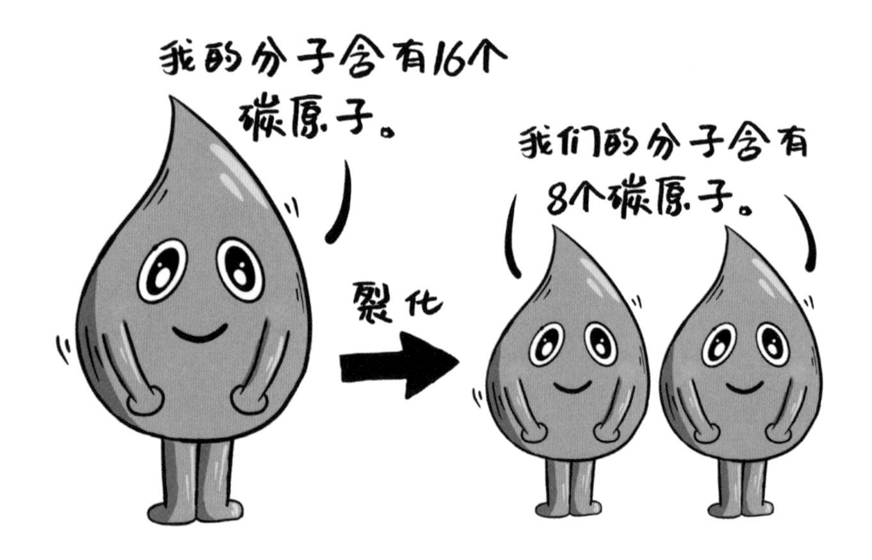

你大概已经想到了，既然重油组的石油分子是因为“体重”太大了而没有被分到汽油组、柴油组等，那么让它们“一分为二”是不是就能变轻了呢？的确是这样的，这就涉及石油加工中的“裂化”步骤。裂化，顾名思义就是让石油分子裂开，比如让有 16 个碳原子的石油分子分裂成两个有 8 个碳原子的石油分子，这样就能让比较重的石油分子变成比较轻的汽油、柴油等。最初的石油裂化是直接把重油加热，让它们在高温下自动完成“分身”。不过这种办法效率比较低，于是科学家就给石油请来了“好帮手”—— 催化剂。催化剂是一种能加快化学反应速度的特殊物质。有了它的帮助，比较重的石油分子就能快速完成“分身”，效率要比原来高多了。

总之，通过石油裂化，重的石油分子能变成轻的石油分子，由此便可以增加比较重要的汽油、柴油等燃料油的产量。

练肌肉，强体魄

要想工作做得好，还要“身体强壮”才行，这就涉及石油加工的“重整”步骤。重整，就是重新整理石油分子的结构，通过这种方式提高汽油、柴油等油品的性能，因此重整就是它们“练肌肉，强体魄”的过程，这个过程同样也需要催化剂的帮助。蒸馏和裂化得到的汽油、柴油等都需要经过重整。经过重整之后，这些汽油、柴油等燃料油的燃烧会变得更稳定、更充分，从而提升发动机的动力输出，还能减少油耗。

到这里，石油在炼油厂的“训练”就接近尾声了。对于燃料油，我们还要去除里面的硫杂质，因为硫在燃烧后会产生二氧化硫，而二氧化硫正是导致酸雨的元凶。对于润滑油、石蜡油、沥青等，在其中加入一些特殊的添加剂，可以帮助它们更好地发挥作用。至此，它们就可以离开炼油厂，奔赴自己的“工作岗位”了。

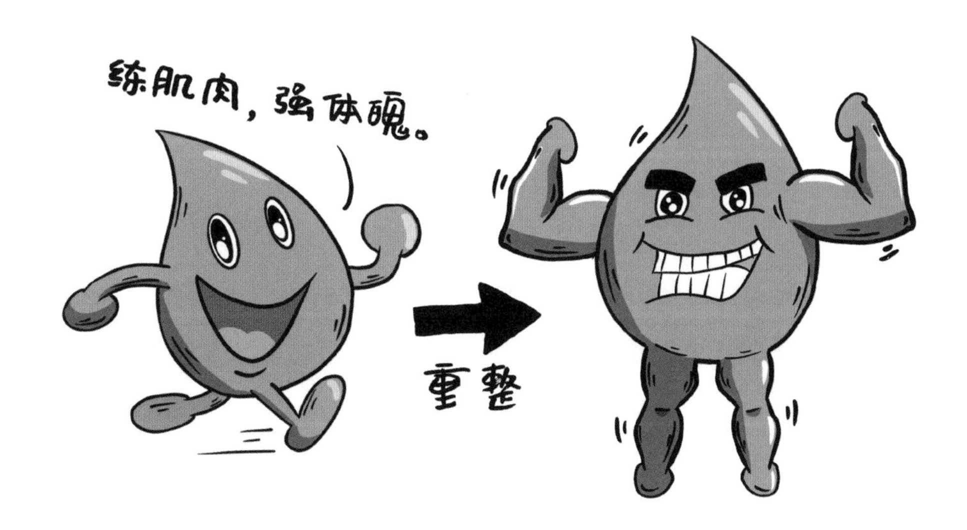

石油的脱水其实并不是一个简单的事情，科学家也经常为此焦头烂额。把水从石油中分离出去的关键是利用两者之间不相溶、相互“讨厌”的特性。那么，你能想出什么办法来分离石油和水呢？

地面上的“旅行”

在第三章里，我们曾介绍了石油在地下的“远游”。其实，它们在开采出来之后，还有一场地面之上的旅行。它们会乘坐着各种各样的交通工具，翻山越岭，远渡重洋，从油田前往炼油厂“训练”，然后再到它们的“工作岗位”上。接下来，就让我们一起看看石油在地面之上是如何旅行的吧。

翻山越岭，远渡重洋

石油的地上旅行可以选择很多种交通工具，比如管道、火车、汽车、轮船等，这主要和旅行的距离有关系。如果距离比较近，那么坐火车或者坐汽车就可以了，如果比较远的话，这两种方式就不太划算了。因此，石油的远距离旅行在陆地上主要靠管道，在海洋上则主要靠油轮。

管道运输就是在起点和终点之间铺设输油管道，然后用油泵推着石油前进，这样不仅相对安全，还能连续不断地稳定运送“乘客”。前期投资建设输油管道之后，管道运输的日常维护比较简单，有的管道甚至能够自动化运行。不过，如果距离实在太过遥远，修建管道就变得不划算了，这时就轮到油轮大显身手了。油轮是名副其实的“大胖子”，体重轻轻松松就达到几十万吨。比如我国的“凯桂号”超级油轮，长 333 米，宽 60 米，长度和宽度和我们的“辽宁号”航空母舰接近，但是它装满石油的体重却足足有“辽宁号”的 7 倍！不

过，这些“大胖子”非常聪明，因为船上的设备非常智能，只需要几十名船员就能搞定这些数十万吨重的家伙。

扩展阅读

石油的国际运输非常重要。那么，你知道它们的“国际旅行”主要走哪些路线吗？我国又是通过哪些路线进口石油的呢？

扫描二维码收看

石油储藏的难题

我们开采或者进口的石油和经过炼油厂加工后的产品并不是马上就会被用掉，因此我们还要考虑石油储藏的问题。石油不但会自己蒸发，而且会慢慢变质。如果只是短时间、少量地储藏一些石油，倒是可以“将就”一下。如果要长时间、大量地存储石油，我们就不能忽视这些小问题了。变质主要是因为石

油接触了金属和空气，这个问题能很好解决：只要我们隔绝空气，并且在油罐内壁涂上特殊涂层，就可以避免石油在长期储存的过程中变质。最麻烦的还是石油的蒸发问题。

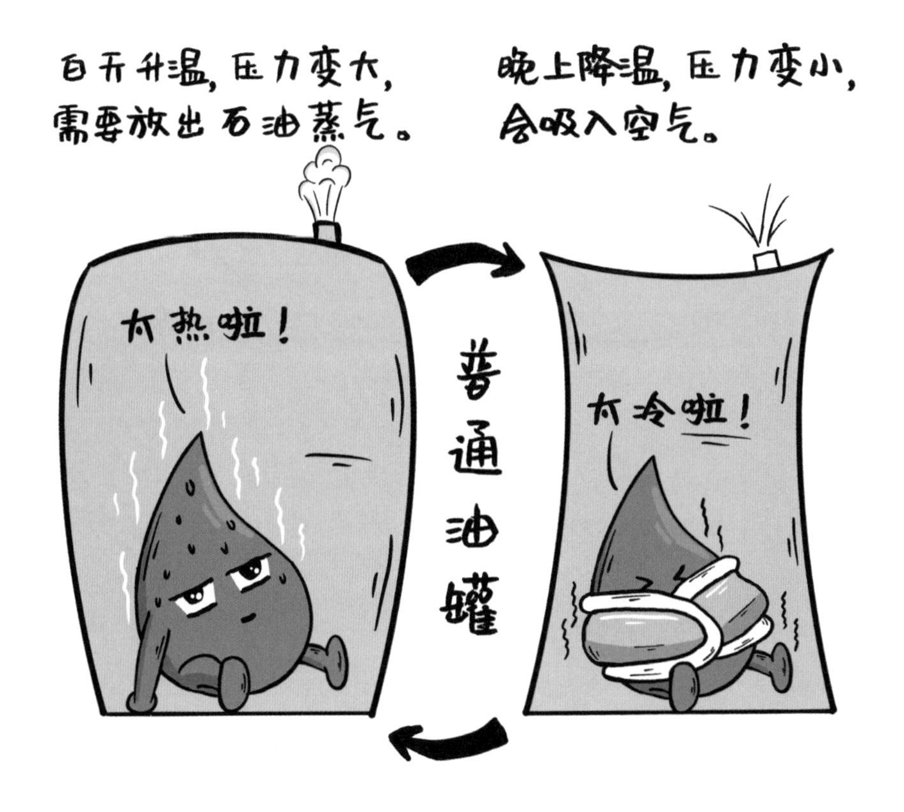

当夏天温度比较高的时候，或者当阳光直射油罐导致温度升高的时候，石油的蒸发就会加快，产生很多石油蒸气，使得普通油罐里的压力变大，这时我们就不得不“开阀放气”来降低压力。而到了冬天或者晚上温度降低，石油蒸气又会凝结成液体的石油，导致油罐里的压力变小，这时又会通过阀门从外面吸入空气。这个过程就像是石油在“呼吸”一样：温度升高时“呼出”石油蒸气；温度降低时“吸入”空气。这样一来，当石油每次“呼出”石油蒸气时，我们都会损失一些石油。尽管每次损失的石油不是很多，但是日积月累下去就损失惨重了。

“会呼吸”的油罐

那么，我们该如何减小由石油“呼吸”导致的损失呢？你可能已经想到了，石油的“呼吸”主要是因为温度的变化，那么我们应该想办法减小石油的温度变化。实际上，我们的确是这样做的。我们可以把油罐埋在地下，可以把油罐外面涂成白色来减少吸热，可以给油罐加上隔热层，还可以在夏天给油罐喷水帮助它们降温……但是，这些方法只能减小石油的温度变化，石油还是在不停地“呼吸”。

如果我们换个思路呢？前面我们提到，石油“呼吸”引起的损耗主要是因为石油蒸发产生的气体导致油罐内压力增大，我们不得不“开阀放气”。而压力增大的原因是油罐的体积是不变的。那么，假如我们能让油罐的体积随着石油蒸发气体的多少变化，这个问题不就解决了吗？于是，科学家根据这个原理

设计了一种“会呼吸”的油罐——浮顶罐。顾名思义，浮顶罐的顶能上下“浮动”。当温度升高，石油蒸发的气体增加，就会推着油罐的顶往上升，油罐的体积就会变大；反过来，当温度下降，油罐的顶又会往下沉，油罐的体积减小，就像是在跟随着石油的节奏而“呼吸”。这样一来，油罐内的压力就能保持稳定，我们就不需要“开阀放气”了。

前面我们提到了，石油储藏面临的两个最主要的问题是石油的蒸发和变质。其实，石油在储藏的过程中还有很多难题要解决，比如隐蔽性、安全性等。聪明的你能想到还会有什么难题呢？又有什么办法来应对这些难题呢？

第六章

为中国“加油”

没有石油可不行

中华人民共和国成立伊始，亟待恢复的经济建设，对石油提出了迫切的需求。然而，1949 年我国的原油产量只有大约 12 万吨，这个产量远远不能满足经济发展和国防建设的需求。要知道，同期的美国原油产量已突破 2 亿吨！“没有石油可不行！”当时的国家领导人对缺乏石油充满忧虑。因此，寻找大油田就成了中国地质工作者的头等大事。

地大物博的“贫油国”

早在 20 世纪初期，美国的一家石油公司就组织人员来到了中国。他们认为中国的陕北是最有希望勘探出石油的地区，但历经数月的勘探打井，竟然一

无所获。后来，由美国斯坦福大学的地质学教授带队的一支考察队又来到中国，在进行了一番考察之后，他们也认为中国不大可能出现可供开采的石油资源，中国就是一个地大物博的“贫油国”！日本石油地质学家新带国太郎也曾两次到我国黑龙江省牡丹江沿岸进行石油勘探，仍然一无所获。于是，外国地质学权威就给中国扣上了“贫油”的帽子。这一结论严重打击了当时国内地质学家寻找石油的信心。

中国真的不产石油吗

为什么国外的地质学家都认为中国“贫油”呢？当时国外地质学界普遍认为，石油是由远古海洋生物遗体沉积在地层中形成的，那么，可能蕴藏石油的地层应该都是海里的盆地沉积形成的地层，也就是“海相地层”，而中国大部分地区都是陆地上的盆地沉积形成的地层，也就是“陆相地层”，因此一定不会存在石油。从当时的科学技术水平来看，“海相地层生油理论”是非常有说服力的，几乎所有的地质学家都将其奉为真理。但是，有一个人却不这么认为，他就是李四光先生。他十分肯定地指出：中国油气资源的蕴藏量是丰富的，关键是要抓紧全国范围的石油地质勘查工作。

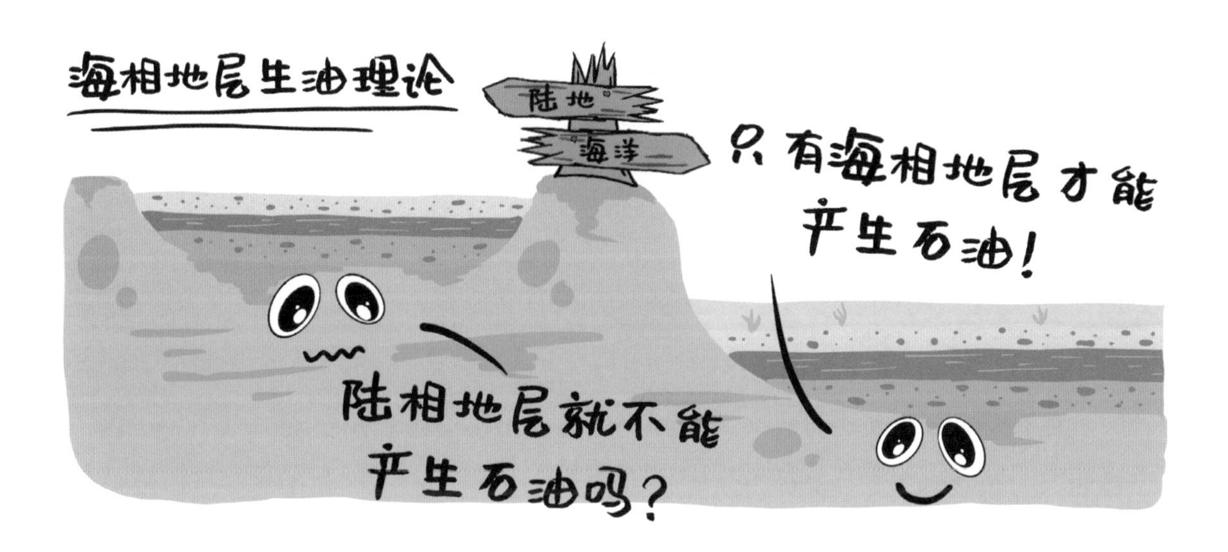

李四光先生的判断并非信口开河。根据数十年来对地质力学的研究和对我国地质条件细致严谨的分析，李四光先生指出，找油的关键不在于地层是陆相的还是海相的，而在于有没有生油和储油的条件。中国的构造体系就像是一个巨大宏伟的“多”字型结构，有很多的盆地和平原，它们为沉积作用提供了良好的环境，这样就很可能形成良好的生油和储油条件，从而产生丰富的石油。

你还知道哪些具有质疑精神的科学家？

扫描二维码收看

海相地层生油理论为什么在当时的地质学界非常有说服力？

实践出真知

理论归理论，是不是真的能找到石油，还需要实地去勘探。在李四光先生的领导下，勘探队员们满怀热情地开始了地质普查工作。然而，勘探工作却比想象中更为艰辛。

“先找油区，再找油田”

为了提高石油勘探的效率，李四光先生提出了一种新的找油方式——“先找油区，再找油田”。这种方法强调从大到小，逐步缩小“包围圈”。也就是说，我们不是直接找油田，而是先找出几个希望大、面积广的可能含有石油的区域，然后在这些区域内寻找油田，这些区域就被称作“油区”。

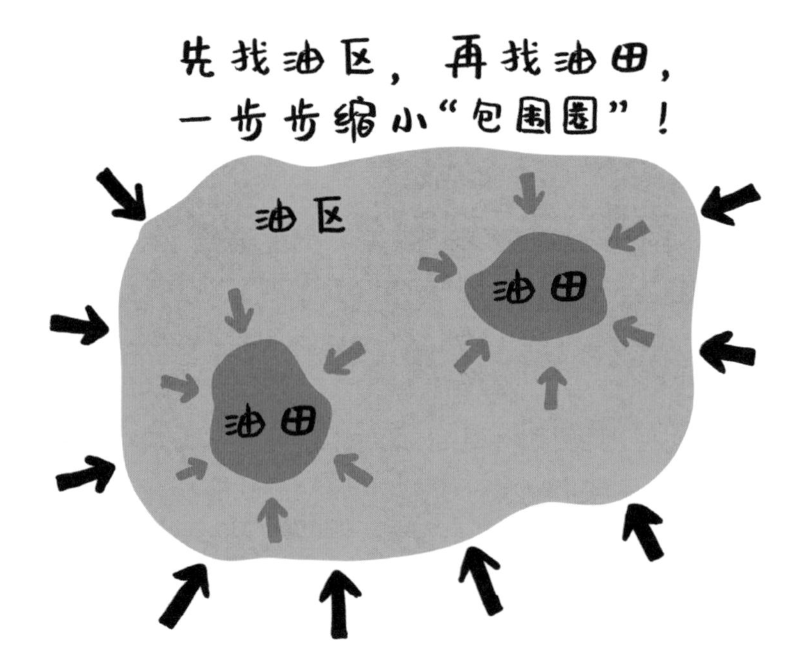

1954年，李四光先生应邀到石油管理总局做了一场题为“从大地构造看我国石油资源勘探的远景”的报告。在报告中，他详细论证了我国地质构造特征和可能含油的地区，提出从东北平原起，通过渤海湾，到华北平原等进行摸底的思路。李四光先生的报告给我国石油地质工作者以很大鼓舞。然而，在全国范围内开展大规模的石油普查勘探工作，任务十分艰巨。

团结就是力量

要完成石油普查工作，光靠一个部门的力量是不够的。从1955年起，除了负责细测和钻探工作的石油管理总局，地质部开始担负石油普查和科学研究任务。1955年年初，地质部组建了新疆、柴达木、鄂尔多斯、四川和华北5个石油普查大队。6月，浩浩荡荡的石油普查队就带着使命出发了。

这一年里，全国石油地质普查工作迎来了“大丰收”，不仅发现了很多可能储油的构造，还明确了华北平原、松辽平原具有较好的含油前景。1956年年初，地质部决定开展全盆地石油普查工作，全国优秀的地质学家也汇聚在一起，成立了石油地质咨询机构——全国石油地质委员会。时任主任委员的李四光先生，不仅指出了含油的远景区，还对各地区石油普查的方法、步骤和普查过程中遇到的实际问题进行了具体指导。

艰苦探索，寻求突破

此后，石油普查队在新疆、青海、四川、江苏、贵州、广西及华北、东北等有希望的含油远景区，找到了几百个可能的储油构造！然而，石油地质工作虽然有了初步成果，但一直没能确定一个产量很大的油田。

李四光先生提出，应该在保持西北、西南石油地质普查工作继续推进的同时，把工作重心向工业基础较强、交通便利的东部地区转移。

经过 1957、1958 年连续两年的普查勘探工作，松辽石油普查队认为松辽盆地很有希望发现大油田。

大庆油田传喜报

然而，找油工作困难重重。石油勘探队在松辽盆地打下的前两口基准井（松基 1 井、松基 2 井）出师不利，只有少量的油气迹象。1958 年 9 月，石油工业部和地质部的有关技术人员召开联合会议，之后，经过反复考察和修正，终于在当年 11 月确定了松基 3 井的井位。

1959 年 9 月 26 日，松基 3 井首次获得自喷工业油流，宣告了我国第一个特大油田的诞生！由于当时正值中华人民共和国成立十周年大庆，这个有着特殊意义的油田也就被命名为“大庆油田”。

松基 3 井出油后不久，勘探队在吉林省松原市打下的扶 27 井也传来出油的喜讯，这是扶余油田的发现井，也是吉林油田的第一口出油井。

艰苦卓绝的“大会战”

松基 3 井和扶 27 井出油的喜讯，很快就传到各地。1960 年起，一场声势浩大、艰苦卓绝的石油大会战在松辽盆地拉开序幕。夏季的松辽盆地，大雨小雨不停，严重影响了生产生活。入冬以后，寒风呼啸，滴水成冰，气温下降到零下 40 多摄氏度，再加上粮食不足，条件十分艰苦。

面对如此艰苦的环境，石油地质工作者不仅有不怕困难的毅力，还有迎难而上的勇气。4 月份，大地刚刚化冻，石油地质工作者们就组织开荒种粮，还在房前屋后、食堂周围种满了蔬菜。秋天，不仅粮食和蔬菜大丰收，此外还有各类家畜和豆制品，全油田洋溢着丰收的喜悦。

扩展阅读

大庆石油大会战有很多感人的故事，你知道“铁人”王进喜的故事吗？

扫描二维码收看

捷报频传

大庆油田的发现是一个重大突破。此后，李四光先生对全国石油地质工作提出了新的构想。在李四光先生的指导下，华北平原又相继发现了几个大油田。

在大庆油田之后，石油勘探队陆续在山东东营发现了胜利油田，在山东沾化、河北黄骅发现了大港油田，在河北任丘发现了任丘油田。经过勘探实践，继松辽平原之后，李四光先生把华北平原作为一个油区的构想也得到了证实。

思考和探索

除了本章中提到的几个油田，你还知道中国有哪些油田吗？

第七章

油气开发利用与环境保护

寻找更多的油气资源

石油和天然气是一种短时间内无法再生的资源，人类只能通过寻找更多的石油和天然气来维持社会和经济的持续发展。得益于成熟的陆地勘探技术，我们已经把陆地上绝大部分容易找到的油气资源都找到了，那么未来我们要到哪里去寻找呢？

被“囚禁”的油气

我们知道，石油和天然气需要迁移到储油层聚集起来，才能形成方便开采的油气藏。但是，有一类特殊的石油和天然气，它们无法离开生油层，就像是被关了起来。这样一来，开采就变得十分麻烦。被“囚禁”的石油和天然气主要有两种：一种是致密油，指的是致密的岩石里的石油；一种是页岩气，指的是储藏在页岩里的天然气。它们在形成之后就被“囚禁”在生油层里，几乎没有经历过迁移和聚集，而是分散在生油层内，开采的难度非常大。

前面我们提到的石油开采用到的各种技术，包括向岩层里面注入水、聚合物、表面活性剂等，有一个共同的前提，就是岩石里的孔隙多，并且孔隙之间是连通的。而致密岩石里的孔隙少，而且孔隙和孔隙之间几乎是不通的。这样一来，我们前面讲到的技术就没法发挥作用，这就是为什么致密油和页岩气开采难度很大。因此，在很长一段时间里，即使我们找到了这类油气也不会去开采。不过，近年来，这些被“囚禁”的油气得到了越来越多的关注，一方面是因为容易开采的油气变得越来越少，另一方面是我们有了新的技术可以“解救”它们。

帮助油气“逃出来”

要采集这些被“囚禁”的石油和天然气，关键就在于帮助它们从致密的岩层当中逃出来。

石油地质工作者想出了一个绝妙的办法。第一步还是钻井，不过为了增大井和岩层接触的面积，会利用特殊的技术钻出“水平井”。此时，由于岩层的渗透率很低，石油和天然气还无法流到井里来。所以，第二步就是给它们“修路”，把高压的水从地面上以很高的速度灌到井里面，由于高压水流的高速冲击，井附近的岩层就会破裂，形成很多裂缝。这些裂缝就是一条条“路”，把岩层中的孔隙和井连接起来，孔隙里原本被“囚禁”的油气就能顺着这些裂缝“逃出来”。这种技术就是“水力压裂”。通常，会连续进行多次压裂，产生更多裂缝，以“解救”更多油气。为了防止裂缝自己慢慢合拢，还会在水里加一

些细小的沙粒。它们随着水流冲进裂缝里面，然后就永远留在那里，让裂缝一直处于撑开的状态。正是通过水力压裂技术，越来越多的致密油和页岩气被成功开采了出来。

扩展阅读

你知道石油地质工作者钻水平井用到的是什么特殊技术吗？

扫描二维码收看

开采可以燃烧的“冰”

可燃冰是一种清洁能源，因其外观像冰，且可燃烧，所以有了这样的名字。可燃冰的主要成分和天然气一样是甲烷，而且分布广泛，储量丰富，因此很有可能在未来取代天然气。它们主要分布在海底和陆地上的永久冻土中。不过，

开采它们的难度确实很大。首先，对于位于海底的可燃冰来说，如果开采的时候稍有不慎，就有可能导致海底滑坡等地质灾害。而甲烷是一种温室气体，一旦发生海底塌陷，就很有可能释放大量的甲烷到大气中来，造成严重的环境问题。因此，各国在开采可燃冰时都是“如履薄冰”。此外，可燃冰一般躲在海底，也给钻井和开采带来了不小的麻烦。

可燃冰的形成是在高压低温的环境下，由水分子搭建起一个“笼子”，把甲烷关在里面，因此目前开采可燃冰的方法主要有三种。第一种是“降压法”，就是降低压力，这样就能让甲烷从水分子的“牢笼”里跑出来。第二种是“加

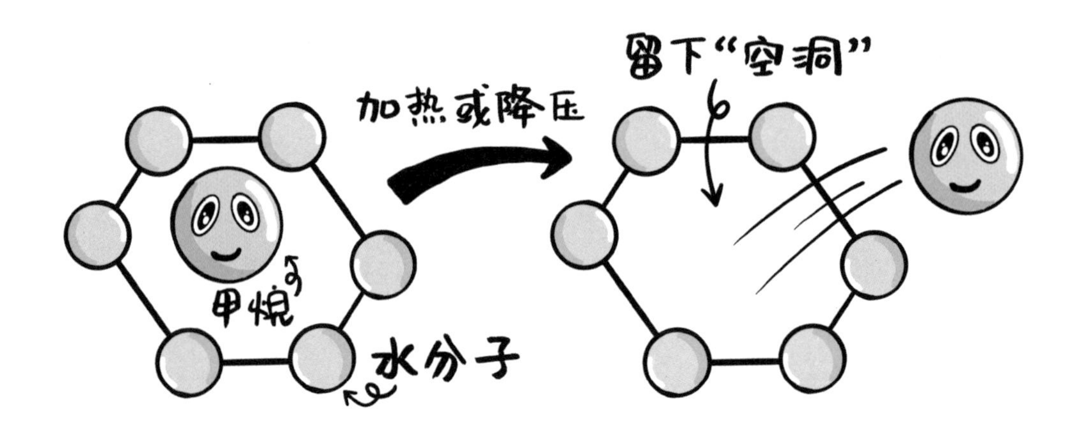

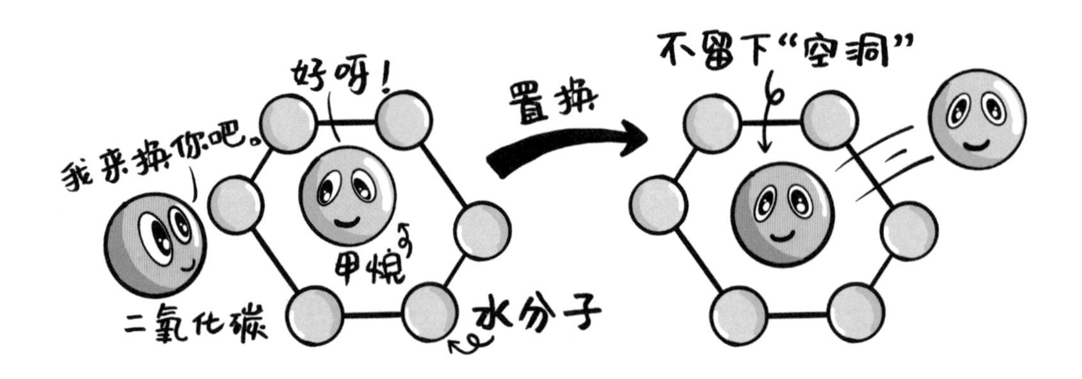

热法”，就是给可燃冰加热，这样也能让甲烷跑出来。不过，这两种帮助甲烷“越狱”的方法都会导致储层出现“空洞”，有可能引发坍塌，于是就有了第三种方法——“置换法”。置换法就是把二氧化碳注入储层当中，让它们代替甲烷住进水分子的“牢笼”里，把甲烷换出来，这样有进有出就不容易形成“空洞”了。

我国在可燃冰开采技术上不断取得突破。2017 年 5 月 18 日，我国首次实现海域可燃冰试采成功。南海神狐海域可燃冰试采实现了连续 187 个小时的稳定产气。2020 年，我国在南海神狐海域的试采又创造了“产气总量 86.14 万立方米，日均产气量 2.87 万立方米”两项新世界纪录。这也标志着我国实现了可燃冰开采技术的重大跨越，距离大规模开采越来越近了。

扩展阅读

海底可燃冰的开采要用到海上钻井平台，你知道海上钻井平台与陆地钻井平台相比，有哪些特殊之处吗？

扫描二维码收看

“离经叛道”的油气

前面我们介绍了石油和天然气的形成过程，它们与岩层里沉积的有机物的化学变化密切相关，这种形成理论被称为**“有机成因理论”**。但是，地球早期还没有生命的时候，大气当中就已经有了甲烷。如果这些甲烷在地下聚集起来，就形成了天然气藏，这种理论被称作天然气的**“无机成因理论”**。世界上很多地方都发现了无机成因的天然气。

石油的形成一般需要数百万年的时间，但是，近年来，科学家在世界上不少地方都发现了只用了几万年，甚至几千年就形成的石油。这究竟是为什么呢？

我们知道，有岩浆活动的地方一般会有温度很高的地下水，就是温泉，地质学家称它为“热液”。石油形成的过程就像是“煲汤”，大部分石油都是“小火慢炖”出来的，而当有机物碰到了温度很高的热液后，就变成了“大火快炖”，石油的形成时间自然也就大大缩短了。

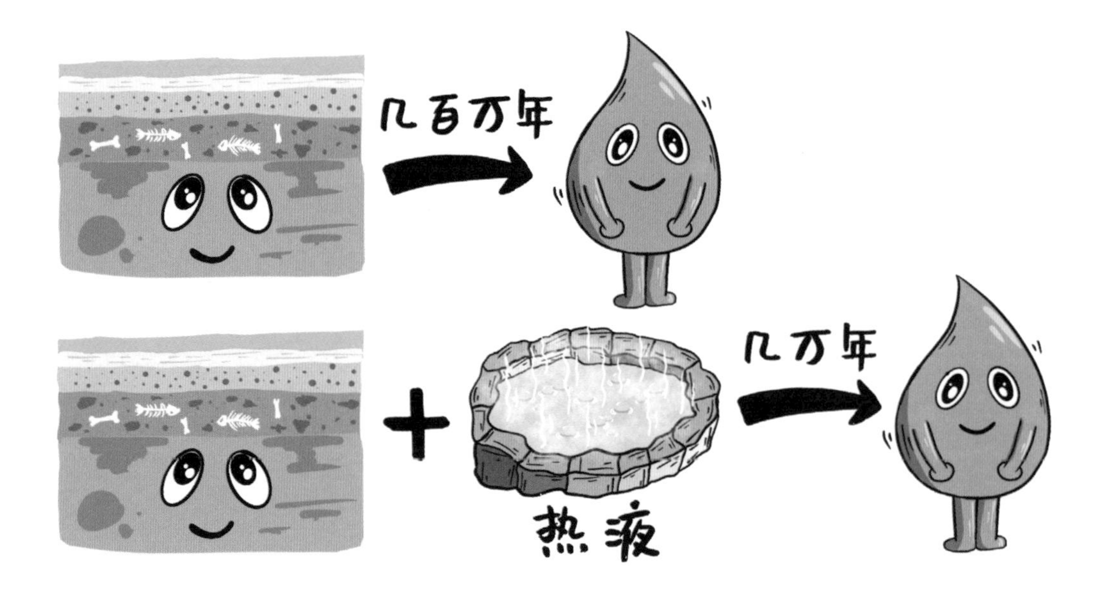

这些“离经叛道”的油气在自然界毕竟是少数，绝大部分油气的成因都属于有机成因，而且需要数百万年的漫长演化。不过，它们让我们对石油和天然气的形成过程有了更多的了解，说不定在未来的某一天还真能帮助我们找到大油气田呢！

本节中我们介绍了未来石油和天然气勘探开发的几个方向。实际上，世界各国的科学家也在不遗余力地探索如何能找到更多的油气资源。那么，聪明的你还能想到哪些探索方向呢？或者说有哪些能源能取代石油和天然气，成为人类的主力能源呢？

不可再生的宝藏

伴随着社会的不断发展，人类对石油的需求量也在日益增长。我们不禁要问，石油资源会不会有枯竭的一天？如果有，将何时到来？对于珍贵的石油资源，我们又应该怎样“守护”？

石油资源会枯竭吗

地球就像一位无私的母亲，为人类提供了不计其数的物质和能源，如水资源、土地资源、矿产资源、森林资源、风能、太阳能等，这些都称为“自然资源”。

太阳源源不断地为地球提供光和热，风也能提供能源……像这种能重复生成的资源，叫作“可再生资源”。而形成煤炭、石油等矿产通常需要数百万年的时间，根本无法同人类开发利用的速度相比，因此，矿产资源通常被认为是不可再生的。随着人类持续、大量地开采，矿产资源的储量正在持续减少。尽

石油会枯竭吗？

管我们前面提到，科学家通过各种方法试图把原本难以开采利用的石油和天然气资源开采出来，但是，这些资源开采难度大、成本很高，甚至可能“不值得”去开采。大家可以想象一下，如果每升石油的开采成本比它的价值还高，那还会有石油公司投入大量的人力、物力和财力去开采这些石油吗？也就是说，容易开采的、低成本的、有利用价值的石油资源是会枯竭的！

节约石油资源

在人类社会的发展中，石油起到了至关重要的作用。面对日益稀缺的石油资源和日渐增长的能源需求，我们该怎么办？

办法就是开源节流。一方面，我们要不断发展先进的石油勘探和开采技术，提高石油产量，就像我们前面提到的，开采致密油等；另一方面，我们要积极改进和替换现有的高耗油设备，节约石油用量。此外，发展新型能源，找到能够替代石油的新型燃料，也是未来的发展方向。

扩展阅读

为了节约石油资源，科学家研制出了乙醇汽油和生物航油，你知道它们分别是什么吗？

扫描二维码收看

石油与环境污染

石油产品的“黑暗面”

大家应该知道，汽车的“粮食”——汽油会带来比较严重的大气污染。在车水马龙的街头，汽车尾气源源不断地排放到大气当中。汽车尾气中含有上百种不同的化合物，其中的污染物有细小的固体颗粒、一氧化碳、二氧化碳、二氧化硫等。这些污染物会进一步引发雾霾、酸雨等问题，不仅会直接危害人类身体健康，还会对我们生活的环境造成深远影响。

除此之外，石油制成的塑料产品也会对生态环境造成破坏。它们能在自然界留存几百年之久，被称为顽固的“白色垃圾”。白色垃圾的危害很大：土壤中的废旧塑料包装物会影响农作物吸收水分和养分；白色垃圾混入城市垃圾一同焚烧会产生有害气体，污染空气，损害人体健康；河流和海洋中的动物还可能误食塑料制品致死……如此种种，都会对地球生态系统造成巨大的破坏，甚至威胁着人类的生存。

白色垃圾带来的危害越来越受到重视，人类社会也在采取各种方式来应对白色污染。比如我们正在开展的垃圾分类工作。塑料制品大多属于可回收物，大家一定要记得把它们放进可回收物垃圾桶哦！

珠穆朗玛峰的“黑色雪花”

1991 年，一支登山队在攀登“世界屋脊”—— 珠穆朗玛峰时遇到了一件怪事。伴随着一股刺鼻的臭味，天上竟飘下黑色的雪花。呈现在登山队员眼前的不再是洁白的珠峰，而是一片黢（qū）黑。考虑到黑雪吸热快，在强烈的阳光照射下可能很快融化，从而诱发大面积的雪崩，登顶行动被迫取消。

珠峰的黑雪惊动了全世界。科学家分析了登山队员们带回的雪样，发现黑雪中存在大量细小的碳和沥青颗粒，同时还含有气味刺鼻的二氧化硫和三氧化硫溶解物。原来，黑雪的出现竟然与 1990 年爆发的海湾战争有关。战争期间，伊拉克军队从科威特撤退时点燃了大量油井，一时间，黑烟弥漫在整个海湾上空。这些黑烟随着印度洋上方的暖湿气流向东移动，在飘过喜马拉雅山脉上空时凝成黑雪降落。这无疑是一场人为的“生态灾难”。

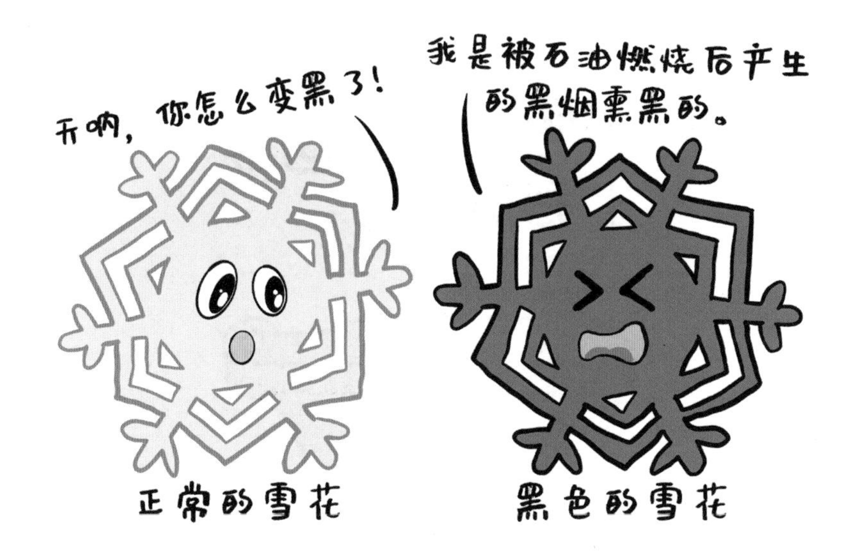

海洋石油污染

遭受石油污染最严重的区域很可能是“生命的摇篮”——海洋。海上油井管道泄漏、油轮事故、船舶排污……每年有大量石油污染物被有意或者无意地排入海洋。原油和从原油中分馏出来的汽油、煤油、柴油、润滑油等，它们都会对海洋造成严重的污染。石油在海面形成的“油膜”会阻碍大气与海水之间的气体交换，导致海洋生物大量死亡；海兽的皮毛和海鸟的羽毛被石油沾污后，会失去保温、游泳或飞翔能力；石油污染物还会干扰海洋生物的摄食、繁殖和生长发育。

2010 年 4 月 20 日，美国墨西哥湾的一个石油钻井平台爆炸并引发大火，导致大量原油在深海泄漏。这场事故带来的污染对墨西哥湾的植被和鱼类、贝类、珊瑚虫等海洋生物造成了巨大的危害！

海洋“清道夫”

为了净化被石油污染的海洋，科学家们想出了很多办法。

首先是用物理的方法。我们知道，石油是比水轻的，泄漏到海水里的石油都会漂浮在海面上。因此，我们可以在受污染的海面上围绕着泄漏的石油放置一圈“围油栏”。围油栏就像一个超大型的“游泳圈”，把泄漏的石油圈起来，防止石油在海面上扩散，避免造成更大的危害。我们甚至可以通过缩小围油栏的范围，将泄漏的石油集中到一个较小的区域内，再把它们回收利用。

对于有火灾危险或者无法回收的残余石油，还得使用化学方法。我们可以喷洒一些特殊的化学药剂——“消油剂”，来清除海面上的石油。消油剂可以让油与水充分接触与混合，形成能消散于水中的微小球体，这样一来，石油就可以快速地被水体中的某些微生物净化。在许多不能采用机械回收或有火灾危险的紧急情况下，及时喷洒消油剂，可以有效清除水面石油污染物，并防止火灾的发生。不过，消油剂中的一些成分对生物毒害作用大，不易被分解，还有可能通过食物链进入人体，危害我们的身体健康。

总的来说，这两种方法都有缺点。物理方法见效慢，消除得不彻底。化学方法虽然迅速有效，却很难回收反应后产生的有害物质，很可能给海洋带来新的污染。

神奇的“石油降解菌”

科学家研究发现，海洋之所以具有“自我净化”的能力，是因为在海洋里生活着许多特殊的微生物，它们具有降解石油污染物的能力，也就是“吃掉”石油污染物，产生无害的二氧化碳、水或者其他物质。那么，我们是不是可以培养一批专门降解石油的海洋微生物，用它们来处理海洋石油污染呢？

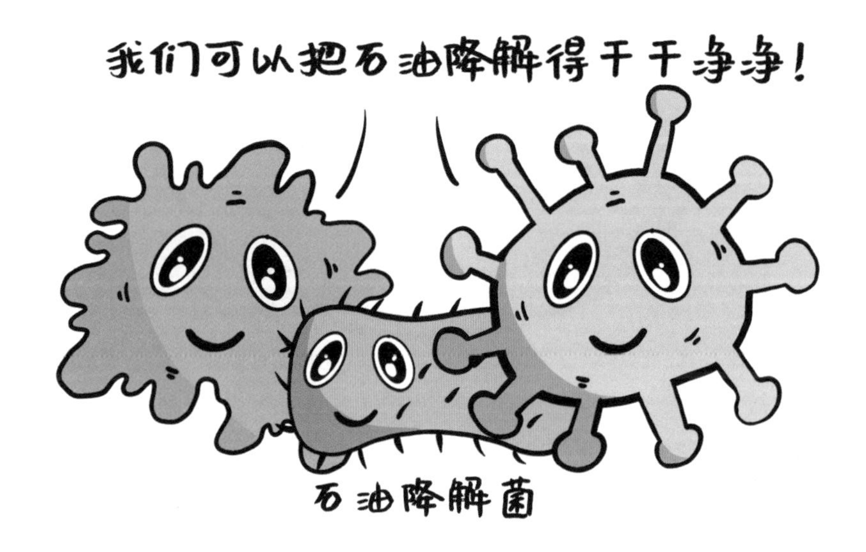

答案是肯定的。其实，研究人员已经找出了这类微生物 —— 石油降解菌。人们将经过筛选、培育和改良后的石油降解菌投放到受污海域，让它们去降解石油中的烃类物质，这种方法不但成本低、见效快，而且后续几乎不会产生污染物。让海洋变得更清洁的方法，竟然来自海洋本身！当我们虚心向大自然学习时，总会有意想不到的收获。

与自然和谐相处

在中国传统的“天人合一”文化体系中，人与自然和谐相处一直是人们所向往的理想生存境界。但是，在过去很长一段时间里，为了经济社会的发展，人类过度地向自然界索取各种资源，其中就包括不可再生的石油资源。

过度索取带来了日益严峻的能源问题和环境问题。幸运的是，人类社会在痛定思痛之后，终于意识到了与大自然和谐相处的重要性。每一个地球居民都应为保护地球环境、改善地球环境做出贡献。

思考和探索

煤炭、石油等化石能源在推动人类文明车轮滚滚向前的同时，也造成了严峻的环境问题。享受着工业时代便利的我们，也应承担起保护环境的重任。因为我们保护的不仅是环境，更是人类自身。保护环境并不只是科学家的使命，更不是脱离生活的口号。请大家想一想，我们每个人能为环保做些什么呢？